U0238053

ChatGPT

新镜界 编著

从入门到实践 全彩视频版

AI写作 ✦ AI办公 ✦ AI绘画 ✦ AI短视频

内 容 提 要

本书系统讲解了ChatGPT AI实战的基本操作和必备知识，如基础操作、进阶操作、常见提示词模板的使用和ChatGPT在常见领域的综合应用等。学习本书可以快速掌握ChatGPT AI实战应用。

全书共11章，分别讲解了ChatGPT入门的基本操作、编写与优化ChatGPT的提示词、ChatGPT文案创作提示词模板、ChatGPT生活娱乐提示词模板、ChatGPT工作学习提示词模板、ChatGPT+AI营销文案写作实战、ChatGPT+Midjourney AI绘画实战、ChatGPT+Word办公文档应用实战、ChatGPT+Excel电子表格应用实战、ChatGPT+PPT演示文稿应用实战和ChatGPT+剪映AI短视频应用实战，以此来提高读者的综合实战能力。

本书以实战为核心，内容详实丰富，实例经典易学，适合文字工作者及与人工智能领域相关的从业人群使用；适合电商商家、广告策划、艺术工作者、企业职员等各行业人群阅读；也适合文学、语言、艺术、计算机科学与技术等相关专业的学生参考学习。

图书在版编目（CIP）数据

ChatGPT从入门到实践：AI写作+AI办公+AI绘画+
AI短视频：全彩视频版 / 新镜界编著. — 北京：中国水
利水电出版社，2024.10
　　ISBN 978-7-5226-2478-5

Ⅰ．①C… Ⅱ．①新… Ⅲ．①人工智能 Ⅳ．①TP18

中国国家版本馆CIP数据核字(2024)第111324号

书　　名	ChatGPT从入门到实践——AI写作+AI办公+AI绘画+AI短视频（全彩视频版） ChatGPT CONG RUMEN DAO SHIJIAN —AI XIEZUO+AI BANGONG +AI HUIHUA +AI DUANSHIPIN
作　　者	新镜界　编著
出版发行	中国水利水电出版社 （北京市海淀区玉渊潭南路 1 号 D 座　100038） 网址：www.waterpub.com.cn E-mail：zhiboshangshu@163.com 电话：（010）62572966-2205/2266/2201（营销中心）
经　　售	北京科水图书销售有限公司 电话：（010）68545874、63202643 全国各地新华书店和相关出版物销售网点
排　　版	北京智博尚书文化传媒有限公司
印　　刷	河北文福旺印刷有限公司
规　　格	170mm×240mm　16 开本　13.75 印张　308 千字
版　　次	2024 年 10 月第 1 版　　2024 年 10 月第 1 次印刷
印　　数	0001—3000 册
定　　价	79.80 元

前　言

ChatGPT是由OpenAI公司研发的人工智能聊天机器人，它可以进行自然语言文本的理解和生成。ChatGPT的出现使计算机能够更加自然地与人类进行对话，这标志着人工智能技术在自然语言处理领域取得了革命性的突破，从此人机交互迈入了一个新的时代。

本书精选出11章内容，帮助大家全面了解ChatGPT，做到学用结合。希望大家都能举轻松掌握ChatGPT的使用技巧，借助相关提示词获得所需的内容。

本书特色

（1）由浅入深，循序渐进。本书先从ChatGPT的入门基础学起，再学习ChatGPT的提示词模板，最后学习ChatGPT在多个领域中的实用技巧。讲解过程步骤详尽、图文对照，让用户在阅读时一目了然，从而快速掌握书中内容。

（2）视频讲解，内容详尽。书中每一章节均提供视频教学资源，用户可以扫描书中的二维码观看视频进行操作。这些视频能够引导初学者快速入门，感受学习的乐趣和成就感，增强进一步学习的信心，从而快速成为ChatGPT高手。

（3）实例典型，轻松易学。通过实例学习是最好的学习方式，本书结合所讲内容精选了各种实用案例，透彻详尽地讲述了在实际开发中所需的各类知识，读者可以轻松地掌握相关内容。

（4）贴心提醒，助力学习。本书根据需要在文中安排了"温馨提示"栏目，让用户可以在学习的过程中更轻松地理解相关知识点及概念，更快地掌握具体技术的应用技巧。

（5）应用实践，随时练习。书中每章都提供了"练习实例"，用户可以通过对问题的解答回顾和拓展应用所学知识，举一反三，为进一步学习做好充分的准备。

本书赠送大量的学习资源：

（1）134集同步教学视频。

（2）163组提示词和关键词。

（3）150多个素材效果源文件。

（4）5200例AI绘画及提示词。

资源获取

为了帮助读者更好地学习与实践，本书附赠了丰富的学习资源，包括134集的同步教学视频、实例的关键词、实例的素材文件、效果文件和课后习题答案。同时，还提

供了相关插件的安装说明。读者使用手机微信扫一扫下面的公众号二维码，关注后输入
GPT2478至公众号后台，即可获取本书相应资源的下载链接。将该链接复制到计算机浏
览器的地址栏中（一定要复制到计算机浏览器的地址栏中），根据提示进行下载。读者可
加入本书的读者交流圈，与其他读者学习交流，或查看本书的相关资讯。

设计指北公众号

读者交流圈

特别提醒

本书在编写时，截取的是ChatGPT、Midjourney、Microsoft Office、剪映等软件和工具
界面的实际操作图片，但本书从编辑到出版需要一段时间，在此期间，这些工具的功能
和界面可能会有变动。本书在编写过程中，虽然ChatGPT进行了更新，但是输入相同的
提示词，并不会影响内容的输出。请在阅读时，根据书中的思路举一反三地进行学习。
本书采用的版本如下：ChatGPT为3.5版，Midjourney为5.2版，Microsoft Office为365版，
剪映电脑版为4.8.0版。

还需要注意的是，即使是相同的关键词，AI软件和工具每次生成的文案及图片也
会有所差别，因此在扫码观看视频时，读者应把更多的精力放在关键词的编写和实操
步骤上。

ChatGPT生成的内容存在语句不通顺、错用标点符号、错字别字等非导向性问题，
为保留生成内容的原貌，本书对该生成内容不作修改，望读者悉知。

本书编者

本书由新镜界编写，提供视频素材和帮助拍摄的人员还有高彪等人，在此一并表
示感谢！由于编者知识水平有限，书中难免存在疏漏之处，敬请广大读者批评、指正。

编　者
2024 年 8 月

目　　录

ChatGPT 从入门到实践——AI 写作 + AI 办公 + AI 绘画 + AI 短视频（全彩视频版）

ChatGPT入门的基本操作

第 1 章

用户登录 ChatGPT 平台后，通过输入提示词便可以获得相应的回复，从而实现 AI 自动化生成内容。本章将介绍 ChatGPT 的基础知识和基本操作，帮助大家快速了解 ChatGPT。

本章重点

- ChatGPT 的基础知识
- ChatGPT 的基础操作技巧
- ChatGPT 的操作技巧
- 管理 ChatGPT 聊天窗口的方法
- 综合实例：在新建的聊天窗口中创作一首儿歌

1.1　ChatGPT的基础知识

在ChatGPT出现之前，我们对智能生成内容可能并不陌生，有不少网络平台都可以借助人工智能（Artificial Intelligence，AI）生成内容。但ChatGPT不仅可以生成简单的文字内容，还能与人类进行连续性的对话，可以说是开启了AI的新纪元。本节将更深入地了解ChatGPT。

1.1.1　ChatGPT的起源和发展历程

ChatGPT的历史可以追溯到2018年，当时的OpenAI公司发布了第一个基于GPT-1架构的语言模型。在接下来的几年中，OpenAI不断改进和升级该系统，并推出了GPT-2、GPT-3、GPT-3.5、GPT-4等版本，使得它的处理能力和语言生成质量都得到了大幅提升。

ChatGPT的发展离不开深度学习和自然语言处理技术的不断进步，这些技术的发展使得机器可以更好地理解人类的语言，并且能够进行更加精准和智能的回复。同时，大规模的数据集和强大的计算能力也是推动ChatGPT发展的重要因素。在不断积累和学习人类语言数据的基础上，ChatGPT的语言生成和对话能力也越来越强大，能够实现更加自然流畅的交互。

ChatGPT为人类提供了一种全新的交流方式，通过自然的语言交互实现更加高效、便捷的人机交互。未来，随着技术的不断进步和应用场景的不断扩展，ChatGPT的发展也将会更加迅速，带来更多行业创新和应用价值。

1.1.2　ChatGPT自然语言处理的发展史

ChatGPT采用深度学习技术，通过学习和处理大量的语言数据集，从而具备了自然语言理解和生成的能力。自然语言处理（Natural Language Processing，NLP）是计算机科学与人工智能交叉的一个领域，它致力于研究计算机如何理解、处理和生成自然语言，是人工智能领域的一个重要分支。自然语言处理的发展史可以分为以下几个阶段。

1. 规则化方法（1950—1970年）

早期的自然语言处理研究主要采用基于规则的方法，即将语言知识以人工的方式编码成一系列规则，并利用计算机程序对文本进行分析和理解。不过，由于自然语言具有复杂性、模糊性和歧义性等特点，因此，规则化方法在实际应用中存在一定的局限性。

2. 统计学习方法（1971—2000年）

随着计算机存储空间和处理能力的不断提高，自然语言处理开始采用统计学习方法，即通过学习大量的语言数据来自动推断语言规律，从而提高文本理解和生成的准确性，这种方法在机器翻译、语音识别等领域得到了广泛应用。

3. 深度学习方法（2000 年至今）

随着深度学习技术的不断发展，自然语言处理开始采用神经网络等深度学习方法，通过多层次的神经网络来提取文本的语义和结构信息，从而让文本理解和生成变得更高效、更准确。其中，基于 Transformer 的语言模型（如 GPT-3）已经实现了人机交互的自然语言处理。

总的来说，自然语言处理的发展经历了规则化方法、统计学习方法和深度学习方法这 3 个阶段，每个阶段都有其特点和局限性。未来，随着技术的不断进步和应用场景的不断拓展，自然语言处理也将会迎来更加广阔的发展前景。

> ▶ 温馨提示

> Transformer 是一种用于自然语言处理的神经网络模型，它使用了自注意力机制（Self-attention Mechanism）来对输入的序列进行编码和解码，从而理解和生成自然语言的文本。

1.1.3　ChatGPT 的主要产品模式

ChatGPT 是一种语言模型，它的产品模式主要是提供自然语言生成和理解的服务。ChatGPT 的产品模式包括以下两个方面。

（1）API 接口服务：ChatGPT 可以提供 API 接口服务，供开发者或企业集成到自己的产品或服务中，实现智能客服、聊天机器人、文本摘要等功能。

> ▶ 温馨提示

> API（Application Programming Interface，应用程序编程接口）接口服务是一种提供给其他应用程序访问和使用的软件接口。在人工智能领域中，开发者或企业可以通过 API 接口服务将自然语言处理或计算机视觉等技术集成到自己的产品或服务中，以提供更智能的功能和服务。

（2）自研产品：ChatGPT 作为一种自研产品，可以用于智能客服、聊天机器人、语音识别、文本摘要、文章生成、翻译等多种应用场景，以满足用户对智能交互的需求。

无论是提供 API 接口服务，还是作为自研产品，ChatGPT 都需要在数据预处理、模型训练、服务部署、性能优化等方面进行不断优化，以提供更高效、更准确、更智能的服务，从而赢得用户的信任和认可。

1.1.4　ChatGPT 的主要功能

ChatGPT 的主要功能是自然语言处理和生成，包括文本的自动摘要、文本分类、对话生成、文本翻译、语音识别、语音合成等方面。ChatGPT 可以接受输入文本、语音等形式，然后对其进行语言理解、分析和处理，最终生成相应的输出结果。

例如，用户可以在 ChatGPT 的输入框中输入需要翻译的文本，例如：Can you help me translate this sentence into French（你能帮我把这个句子翻译成法语吗）？ ChatGPT 将自动检测用户输入的源语言，并将为用户翻译成所选择的目标语言，如图 1.1 所示。

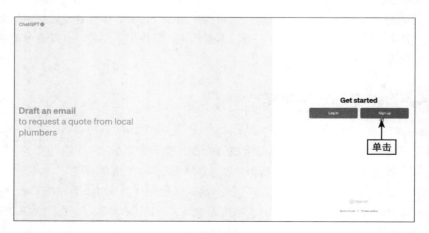

图 1.1　ChatGPT 的文本翻译功能

ChatGPT 主要基于深度学习和自然语言处理等技术来实现这些功能，它采用了类似于神经网络的模型进行训练和推理，模拟人类的语言处理和生成能力，可以处理大规模的自然语言数据，生成质量高、连贯性强的语言模型，具有广泛的应用前景。

除了以上提到的常见功能，ChatGPT 还可以应用于自动信息检索、推荐系统、智能客服等领域，为各种应用场景提供更加智能、高效的语言处理和生成能力。

1.2　ChatGPT 的基础操作技巧

在 ChatGPT 平台中，用户可以通过输入相应的提示词让 ChatGPT 生成所需的回复内容，然后再将回复内容复制出来，或修改，或使用，从而达到将 AI 应用于实战的目的。本节将介绍 ChatGPT 的基本操作技巧。

1.2.1　练习实例：注册与登录 ChatGPT

ChatGPT 和其他平台一样，需要用户进行注册、登录后才能正式使用。那么，具体要如何注册和登录 ChatGPT 呢？具体操作步骤如下。

步骤 01　进入 ChatGPT 的官网，单击 Sign up（注册）按钮，如图 1.2 所示。注意，如果用户已经注册了账号，可以直接在此处单击 Log in（登录）按钮，输入相应的邮箱地址和密码，即可登录 ChatGPT。

图 1.2　单击 Sign up(注册)按钮

步骤 02 执行操作后，进入 Create your account（创建您的账户）页面，输入相应的邮箱地址，如图 1.3 所示。也可以直接使用微软或谷歌账号进行登录。

步骤 03 单击 Continue（继续）按钮，在新打开的页面中输入相应的密码（至少 12 个字符），如图 1.4 所示。

步骤 04 单击 Continue（继续）按钮，系统会提示用户输入姓名和进行手机号验证，按照要求进行设置即可完成注册，然后就可以登录并使用 ChatGPT 了。

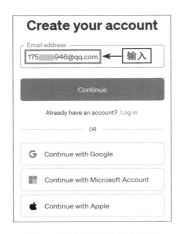

图1.3　输入相应的邮箱地址

图1.4　输入相应的密码

1.2.2　练习实例：获得ChatGPT的回复

扫码
看视频

登录 ChatGPT 后，即可在 ChatGPT 的聊天窗口中开始进行对话。用户可以输入任何问题或话题，ChatGPT 将尝试回答并提供与主题有关的信息，具体操作步骤如下。

步骤 01 打开 ChatGPT 的聊天窗口，单击底部的输入框，如图 1.5 所示。

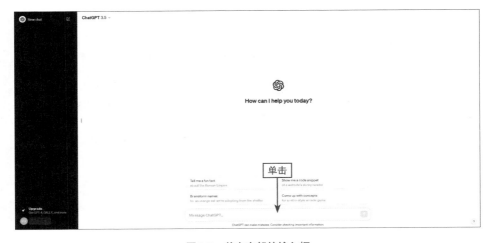

图1.5　单击底部的输入框

步骤 02 在 ChatGPT 的输入框中输入相应的提示词，如"请为某款单肩包写一段宣传文案，100 字以内"，如图 1.6 所示。

图1.6　输入相应的提示词

步骤 03 单击输入框右侧的发送按钮 ↑ 或按 Enter 键，随后 ChatGPT 即可根据要求生成相应的文案，如图 1.7 所示。

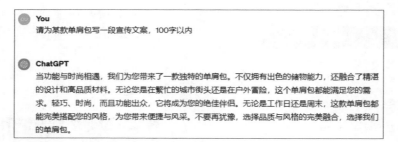

图1.7　ChatGPT生成的单肩包宣传文案

1.2.3　练习实例：让ChatGPT重新生成回复

扫码
看视频

当用户对 ChatGPT 生成的回复不满意时，可以单击 ↻ 按钮让它重新生成回复，ChatGPT 则会响应提示词更换表达方式、改变内容来重新给出回复，具体操作步骤如下。

步骤 01 与 ChatGPT 进行一次对话后，单击输入框上方的 ↻ 按钮，如图 1.8 所示。

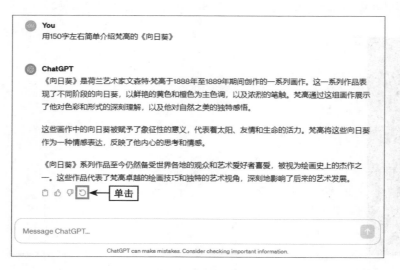

图1.8　单击↻按钮

步骤 02 稍等片刻，ChatGPT 会重新生成回复内容，如图 1.9 所示。

> **You**
> 用150字左右简单介绍梵高的《向日葵》
>
> **ChatGPT**
> 梵高的《向日葵》系列是他在1888年至1889年期间的杰作之一。这一系列画作以鲜艳的向日葵为主题，以其生动的色彩和浓烈的笔触而闻名。梵高通过多次重复绘制同一主题，以探索光影、颜色和形式的变化，创造了独特而印象深刻的作品。
>
> 这些画作代表了梵高晚年创作的风格，展现了他对色彩的深刻理解和内心情感的表达。向日葵被他视为生命、希望和友谊的象征，这使这些画作更加富有象征意义。
>
> 今天，梵高的《向日葵》系列作品被广泛认为是绘画史上的杰作之一，它们分散在世界各地的博物馆和私人收藏中，吸引着无数观众，因其鲜明的表现主义风格和情感深度而备受赞誉。这一系列作品代表了梵高的杰出艺术成就，继续启发和打动着人们。
>
> ‹ 2/2 ›　🗍 👍 👎 ↻

图 1.9　重新生成回复内容

▶ **温馨提示**

　　ChatGPT 对同一个问题的第二次回复会显示"2/2"字样的标记，若是第三次的回复，则会显示"3/3"字样的标记，以此类推。用户通过单击↻按钮可以让 ChatGPT 对同一个问题进行多次不同的回复，以获得更加满意的内容。

1.2.4　练习实例：让 ChatGPT 停止生成回复

扫码
看视频

　　用户在 ChatGPT 中发送消息后，ChatGPT 一般都是以逐字输出的方式生成文案。当用户对当前所生成的文案存疑时，可以让 ChatGPT 停止生成文案，具体操作步骤如下。

步骤 01 打开 ChatGPT 的聊天窗口，在输入框中输入提示词，如"请提供一条记录美好生活的朋友圈文案"，如图 1.10 所示。

请提供一条记录美好生活的朋友圈文案 ◀── 输入　　　　　　↑

ChatGPT can make mistakes. Consider checking important information.

图 1.10　在输入框中输入提示词

步骤 02 按 Enter 键发送，ChatGPT 即可根据要求生成文案，单击输入框右侧的 ⬛ 按钮，如图 1.11 所示，即可让 ChatGPT 停止生成文案。

You
请提供一条记录美好生活的朋友圈文案

ChatGPT
"今日阳光灿烂，和最爱的人一起度过美好时光。不必追求奢华，幸福就在身边。享受着简单的笑声，分享着温馨的拥抱，这就是生活中最美的风景。珍惜当下，感恩拥有，因为幸福不在远方，而是每一刻都在我们 ●

Message ChatGPT...

单击 ──→ ⬤

ChatGPT can make mistakes. Consider checking important information.

图1.11　单击⬤按钮

1.2.5　练习实例：按住并移动鼠标复制回复内容

扫码
看视频

用户使用 ChatGPT 生成回复内容之后，可以通过按住并移动鼠标的方式来复制回复内容，具体操作步骤如下。

步骤 01　打开 ChatGPT 的聊天窗口，在输入框中输入提示词，如"请提供 10 个直播标题"，按 Enter 键发送，ChatGPT 即可给出回复，如图 1.12 所示。

You
请提供10个直播标题

ChatGPT
当创建直播内容时，吸引观众的标题非常重要。以下是一些不同领域的直播标题示例：

1. "美食大冒险：世界各地的美味探索！"
2. "DIY手工艺术班：一起创造令人惊艳的手工品！"
3. "健康生活指南：如何融入运动和均衡饮食？"
4. "音乐之夜：现场演奏你最喜欢的歌曲！"
5. "科技前沿：探讨最新的科技趋势和新产品！"
6. "旅行分享：探索远方的美丽风景和文化！"
7. "时尚秀场：最新潮流、穿搭建议，让你成为时尚达人！"
8. "心灵成长：探讨自我发展、冥想和心灵健康！"
9. "游戏时间：与观众一起畅玩最热门的游戏！"
10. "访谈时间：特邀嘉宾与你分享激动人心的故事和见解！"

这些标题可以根据你的直播内容和受众进行调整，以确保吸引更多观众。

图1.12　ChatGPT 给出的回复

步骤 02　可以看到 ChatGPT 为用户提供了 10 个直播标题，按住鼠标左键并移动鼠标，选中这些标题，右击，在弹出的快捷菜单中选择"复制"选项，如图 1.13 所示，即可复制 ChatGPT 生成的直播标题。

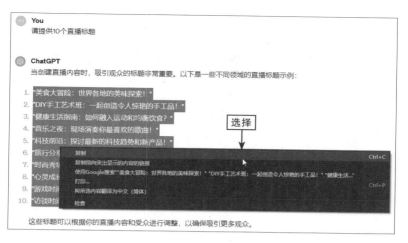

图1.13 选择"复制"选项

▶ **温馨提示**

可以将所复制的内容粘贴至记事本、Word 文档等软件中，修改并保存以作备用。

1.2.6 练习实例：单击对应按钮复制回复内容

扫码
看视频

除了可以通过按住并移动鼠标进行复制外，用户还可以通过 ChatGPT 自带的按钮来复制回复内容，具体操作步骤如下。

步骤 01 以 1.2.5 小节中 ChatGPT 的回复为例，打开 ChatGPT 的聊天窗口，单击回复内容下方的 按钮，如图 1.14 所示，即可复制这一条回复内容。

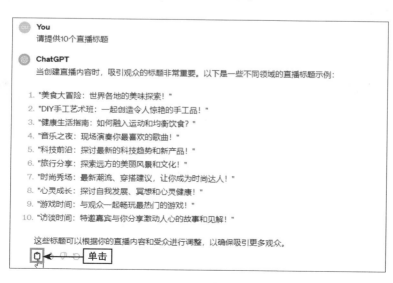

图1.14 单击 按钮

步骤 02 打开一个记事本，按 Ctrl + V 组合键，即可粘贴复制的回复内容，如图 1.15 所示。

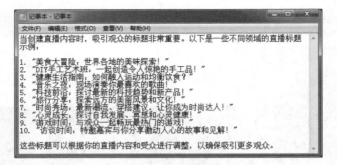

图 1.15　粘贴复制的回复内容

1.2.7　练习实例：对输入的提示词进行分段

扫码
看视频

在 ChatGPT 的输入框中输入内容时，可以对其进行分段、换行，具体操作步骤如下。

步骤 01 打开 ChatGPT 的聊天窗口，在输入框中输入第一行提示词"请围绕以下词汇生成一篇 300 字左右的微信公众号文案："，如图 1.16 所示。

图 1.16　在输入框中输入第一行提示词

步骤 02 执行操作后，按 Shift + Enter 组合键即可换行，输入其他的提示词，如"手机摄像、人像照片、构图和光线"，如图 1.17 所示。

图 1.17　输入其他的提示词

步骤 03 按 Enter 键发送，ChatGPT 即可根据提示词给出回复，如图 1.18 所示。

> **You**
> 请围绕以下词汇生成一篇300字左右的微信公众号文案：
> 手机摄像、人像照片、构图和光线
>
> 1 / 2 ›
>
> **ChatGPT**
>
> 「记录美好时刻：手机摄像、人像照片、构图和光线」
>
> 在这个数字时代，我们随身携带着强大的摄像工具——手机，它们不仅可以记录我们的日常生活，还能捕捉到我们的回忆和情感。无论是自拍照片还是拍摄别人的人像，构图和光线都是关键因素，能够让你的照片更生动、更引人入胜。
>
> 首先，让我们聊聊手机摄像。手机已经变成了我们的随身相机，它们可以捕捉到最真实的瞬间。了解手机摄像的功能和设置，可以让你拍摄出更清晰、更有质感的照片。不要害怕尝试不同的设置，探索不同的拍摄方式，因为它们可以为你带来令人惊喜的效果。
>
> 接下来是人像照片。拍摄人像时，捕捉情感和表情非常关键。与被摄者建立联系，捕捉他们真实的情感，可以让你的照片更具吸引力。同时，使用合适的背景和构图可以增强照片的吸引力。
>
> 构图和光线是摄影的灵魂。通过巧妙的构图，你可以引导观众的目光，让照片更具艺术性。光线是摄影的核心，不同的光线会创造不同的效果。学会利用光线，可以让你的照片更加生动和有趣。
>
> 无论你是摄影新手还是经验丰富的摄影师，手机摄像、人像照片、构图和光线都是你打造出完美照片的关键因素。掌握它们，记录美好时刻，与他人分享你的故事。不断学习和实践，你会发现摄影是一门充满乐趣和创造力的艺术。📷🌟

图 1.18　ChatGPT 根据提示词给出回复

1.2.8　练习实例：对已发送的提示词进行调整

扫码
看视频

当在 ChatGPT 的输入框中输入的提示词有误或者不够精准时，可以及时进行调整，让 ChatGPT 重新根据要求生成回复内容，具体操作步骤如下。

步骤 01　以 1.2.7 小节生成的回复为例，在 ChatGPT 的聊天窗口中，单击已发送的提示词中的⌀按钮，如图 1.19 所示。

> **You**
> 请围绕以下词汇生成一篇300字左右的微信公众号文案：
> 手机摄像、人像照片、构图和光线
> ⌀ ◄—— 单击
>
> **ChatGPT**
>
> 「记录美好时刻：手机摄像、人像照片、构图和光线」
>
> 在这个数字时代，我们随身携带着强大的摄像工具——手机，它们不仅可以记录我们的日常生活，还能捕捉到我们的回忆和情感。无论是自拍照片还是拍摄别人的人像，构图和光线都是关键因素，能够让你的照片更生动、更引人入胜。
>
> 首先，让我们聊聊手机摄像。手机已经变成了我们的随身相机，它们可以捕捉到最真实的瞬间。了解手机摄像的功能和设置，可以让你拍摄出更清晰、更有质感的照片。不要害怕尝试不同的设置，探索不同的拍摄方式，因为它们可以为你带来令人惊喜的效果。
>
> 接下来是人像照片。拍摄人像时，捕捉情感和表情非常关键。与被摄者建立联系，捕捉他们真实的情感，可以让你的照片更具吸引力。同时，使用合适的背景和构图可以增强照片的吸引力。
>
> 构图和光线是摄影的灵魂。通过巧妙的构图，你可以引导观众的目光，让照片更具艺术性。光线是摄影的核心，不同的光线会创造不同的效果。学会利用光线，可以让你的照片更加生动和有趣。
>
> 无论你是摄影新手还是经验丰富的摄影师，手机摄像、人像照片、构图和光线都是你打造出完美照片的关键因素。掌握它们，记录美好时刻，与他人分享你的故事。不断学习和实践，你会发现摄影是一门充满乐趣和创造力的艺术。📷🌟

图 1.19　单击已发送的提示词中的 ⌀ 按钮

步骤 02 执行操作后，即可对提示词内容进行修改，如将"请围绕以下词汇生成一篇300字左右的微信公众号文案："改为"请围绕以下词汇生成一篇200字左右的微信朋友圈文案："，单击 Save & Submit（保存并提交）按钮，如图 1.20 所示。

You
请围绕以下词汇生成一篇200字左右的微信朋友圈文案：
手机摄像、人像照片、构图和光线

单击 ——→ Save & Submit   Cancel

ChatGPT
「记录美好时刻：手机摄像、人像照片、构图和光线」

在这个数字时代，我们随身携带着强大的摄像工具——手机，它们不仅可以记录我们的日常生活，还能捕捉到我们的回忆和情感。无论是自拍照片还是拍摄别人的人像，构图和光线都是关键因素，能够让你的照片更生动、更引人入胜。

首先，让我们聊聊手机摄像。手机已经变成了我们的随身相机，它们可以捕捉到最真实的瞬间。了解手机摄像的功能和设置，可以让你拍摄出更清晰、更有质感的照片。不要害怕尝试不同的设置，探索不同的拍摄方式，因为它们可以为你带来令人惊喜的效果。

图 1.20　单击 Save & Submit 按钮

步骤 03 执行操作后，ChatGPT 即可根据调整的提示词重新生成回复，如图 1.21 所示。

You
请围绕以下词汇生成一篇200字左右的微信朋友圈文案：
手机摄像、人像照片、构图和光线
‹ 2 / 2 ›

ChatGPT
手机摄像技术的飞速发展让我们能够在日常生活中轻松捕捉美好瞬间。📷 人像照片因其表现出的真实情感而特别有魅力，而构图和光线则是呈现照片美感的关键元素。❋

构图，就如同画一幅画，是艺术与科学的结合。从对称到黄金分割，每一种构图都能让你的照片充满动感与平衡，让人留连忘返。

而光线，是照片的灵魂。清晨的柔和阳光，傍晚的暖色余晖，或者逆光拍摄的神秘感，都能让同一场景呈现出截然不同的韵味。

手机摄像已经变得如此便捷，但不要忘记品味与创造。每次按下快门时，你都在创造自己的视觉故事。珍惜那些奇妙的瞬间，用手机捕捉生活中的美丽，无论是小巷里的涂鸦，还是友人的微笑。手机摄像，是我们记录生活、分享情感的重要方式，让我们一起继续探索这个美丽的摄影之旅吧！
📷📱 #手机摄影 #人像照片 #构图与光线 #抓住美丽瞬间

图 1.21　ChatGPT 根据调整的提示词重新生成回复

1.3 ChatGPT 的操作技巧

在掌握了 ChatGPT 的基本操作技巧之后，可以通过学习一些进阶操作技巧提升 ChatGPT 的实用性，让其更好地为我们所用。本节将介绍一些 ChatGPT 的进阶操作方法。

1.3.1 练习实例：让 ChatGPT 学会逻辑思考

 扫码
看视频

如果想让 ChatGPT 更加理解所提出的问题，可以尝试在向其提问时，加入特定的提示词，如 Let's think step by step（让我们一步一步地思考），让 ChatGPT 学会逻辑思考，生成更令人满意的答案，具体操作步骤如下。

步骤 01 当我们不添加特定提示词向 ChatGPT 提问"简单分析一下柳宗元的《小石潭记》"时，生成的回复如图 1.22 所示。

> **You**
> 简单分析一下柳宗元的《小石潭记》
>
> **ChatGPT**
> 《小石潭记》是唐代文学家柳宗元创作的一篇散文随笔。以下是对这篇文章的简单分析：
>
> **主题**：文章的主题是自然景观和哲学思考。柳宗元通过对小石潭的描写，表达了对自然美的赞美，同时通过自然景观的反思，探讨了人生、时光和命运的哲学问题。
>
> **叙事结构**：文章采用第一人称叙述，通过作者的视角，生动地描绘了小石潭的景致和自己的感受。这种叙述方式使读者能够深入体验到作者的情感和思考。
>
> **自然描写**：文章以小石潭为背景，通过对水、石、树木等自然元素的描写，强调了自然之美和宁静。这些描写使读者沉浸在自然景观中，感受到作者的情感共鸣。
>
> **哲学思考**：文章中，柳宗元通过对时光流逝、人生短促的思考，表达了对生命的珍视和对时光的感慨。他提出了"人生如梦"的哲学命题，强调了生命的短暂和珍贵。
>
> **文学风格**：柳宗元的语言清新简练，情感真挚，充满了诗意的表达。他以清新的文字风格表达了对自然之美的赞美和对生活哲思的思考。
>
> 总的来说，柳宗元的《小石潭记》是一篇充满自然之美和哲学思考的散文随笔。通过对自然景观的描写和对生命、时光的反思，作者传达了对自然的热爱和对生活的深刻思考。这篇文章被认为是中国文学的经典之一，具有深远的文学价值。

图1.22 不添加特定提示词生成的回复

步骤 02 接下来添加提示词：Let's think step by step，在 ChatGPT 的输入框中输入"简单分析一下柳宗元的《小石潭记》，Let's think step by step"，生成的答案如图 1.23 所示。可以看到，添加特定提示词后生成的回复循序渐进，更具有逻辑性。

图 1.23　添加特定提示词之后生成的回复

1.3.2　练习实例：让ChatGPT的回复更灵活

对ChatGPT有了一定的了解之后，会发现ChatGPT生成的答案都较为严谨，略显机械和呆板，这时只需要在提问时添加 Please generate the answer at x 或 use a temperature of x（请用x的温度生成答案）的提示词，便可以让ChatGPT的回答更灵活，具体操作步骤如下。

 在 ChatGPT 的输入框中输入"请用一段话简单地描述大熊猫"，没有添加温度提示词，生成的回复如图 1.24 所示。

图 1.24　没有添加温度提示词生成的回复

 添加温度提示词，在 ChatGPT 的输入框中输入"请用一段话简单地描述大熊猫，use a temperature of 1"，生成的回复如图 1.25 所示。可以看到，没有添加温度提示词生成的回答比较概念化，而添加了温度提示词后生成的回答类似人类的口吻，显得更有人情味。

图1.25　添加温度提示词生成的回复

▶ 温馨提示

　　x 为一个数值，一般设置的范围为 0.1 ～ 1。低温度值可以让 ChatGPT 的回答变得稳重且有保障，高温度值则可以让 ChatGPT 充满创意与想象力。

1.3.3　练习实例：使用ChatGPT生成各种图表

扫码
看视频

　　作为一个AI智能聊天机器人模型，ChatGPT虽然主要以生成文字内容为主，但基于其智能数据库也能够生成图表，能帮助我们提高办公效率。ChatGPT不能直接生成图表，但可以通过生成代码，再复制到Mermaid.live在线编辑器里，以此实现图表的制作，具体操作步骤如下。

步骤 01　在 ChatGPT 的输入框中输入"用 Mermaid.js 语言生成神话人物猪八戒的关系图"后生成相应的回复，如图 1.26 所示。

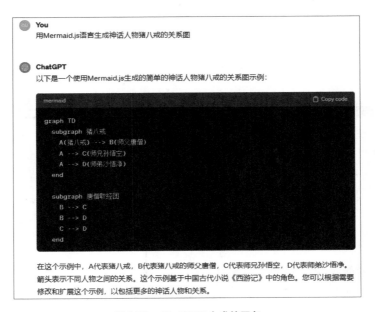

图1.26　ChatGPT生成的回复

步骤 02　单击 Copy code（复制代码）按钮，复制回复的 Mermaid.js 代码，如图 1.27 所示。

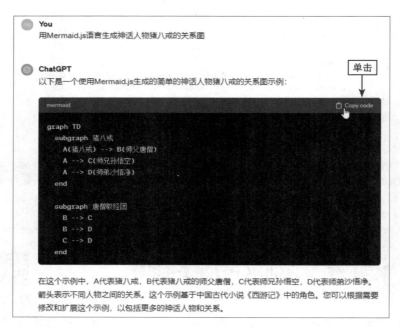

图1.27　单击 Copy code 按钮

步骤 03 在浏览器中找到并打开 Mermaid.live 在线编辑器，将复制出来的代码粘贴进去，即可查看神话人物猪八戒的关系图，如图 1.28 所示。

▶ **温馨提示**

　　ChatGPT 生成图表只是作为一个提供代码的"帮手"，具体的任务还需要借助 Mermaid.live 在线编辑器来完成，这是 ChatGPT 的局限性。需要注意的是，ChatGPT 生成的 Mermaid.js 代码可能会存在事实错误，但不可否认它能够实现制作图表的功能。

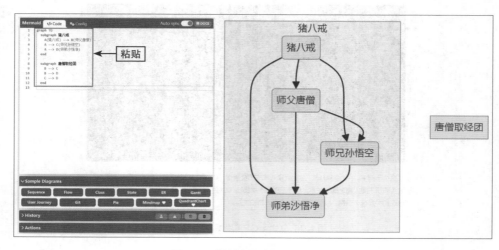

图1.28　神话人物猪八戒的关系图

1.3.4　练习实例：让ChatGPT找到合适的图片

我们可以让ChatGPT撰写文章，但是ChatGPT只能生成文字内容，如果要让ChatGPT找到合适的图片，则需要加入特定的提示词，具体操作步骤如下。

步骤 01　在 ChatGPT 的输入框中输入"描述一下梅花，并附带梅花的图片"，生成的内容如图 1.29 所示。可以看到，虽然 ChatGPT 尝试去调用网络中符合要求的图片，但始终无法显示出来。

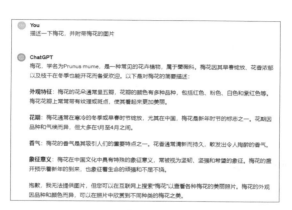

图1.29　无法显示图片的文章内容

步骤 02　加入特定的提示词，将上面的关键词修改为"描述一下梅花，并附带梅花的图片，发送图片时请用 markdown 语言生成，不要反斜线，不要代码框，不要文字介绍，***（此处为图片链接）"，ChatGPT 即可利用 markdown 语言生成图片链接，获得图文并茂的文章内容，如图 1.30 所示。

图1.30　图文并茂的文章内容

▶ 温馨提示

　　markdown 是一种轻量级的标记语言，它允许用户使用易读易写的纯文本格式编写文档，并通过一些简单的标记语法来实现文本的格式化。markdown 语言的语法简洁明了，学习成本低，因此被广泛应用。

1.4　管理 ChatGPT 聊天窗口的方法

　　在 ChatGPT 中，用户每次登录账号后都会默认进入一个新的聊天窗口，而之前建立的聊天窗口则会自动保存在左侧的聊天窗口列表中，用户可以根据需要对聊天窗口进行管理，包括新建、重命名以及删除等。

　　通过管理 ChatGPT 的聊天窗口，用户可以熟悉 ChatGPT 平台的相关操作，也可以让 ChatGPT 更有序、高效地为我们所用。本节将具体介绍管理 ChatGPT 聊天窗口的方法。

1.4.1　练习实例：新建聊天窗口

扫码
看视频

　　在 ChatGPT 中，当用户想用一个新的主题与 ChatGPT 开始一段新的对话时，可以保留当前聊天窗口中的对话记录，新建一个聊天窗口，具体操作步骤如下。

步骤 01　打开 ChatGPT 并进入一个使用过的聊天窗口，单击左上角的 New chat（新建聊天窗口）按钮，如图 1.31 所示。

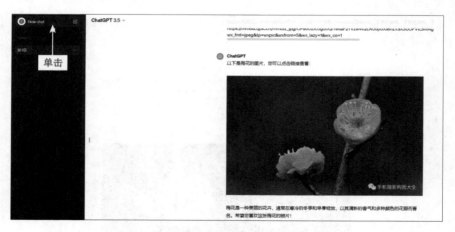

图 1.31　单击 New chat（新建聊天窗口）按钮

步骤 02　执行操作后，即可新建一个聊天窗口，在输入框中输入提示词，如"请创作一首七言的绝句"，如图 1.32 所示。

步骤 03　按 Enter 键发送，即可与 ChatGPT 开始对话。ChatGPT 会根据要求进行回复，如图 1.33 所示。

图1.32 在输入框中输入提示词

图1.33 ChatGPT根据要求进行回复

1.4.2 练习实例：重命名聊天窗口

扫码
看视频

在ChatGPT的聊天窗口中生成对话后，聊天窗口会自动命名，如果用户觉得不满意，可以对聊天窗口进行重命名操作，具体操作步骤如下。

步骤 01 以1.4.1小节中新建的聊天窗口为例，选择聊天窗口，单击 ··· 按钮，在弹出的列表中选择 Rename（重命名）选项，如图1.34所示。

图1.34 选择Rename选项

步骤 02 执行上述操作后，即可呈现名称编辑文本框，在文本框中可以修改名称，如图1.35所示。

图1.35 修改聊天窗口名称

步骤 03 按 Enter 键确认，即可完成聊天窗口的重命名操作，如图1.36所示。

图1.36　重命名聊天窗口

1.4.3　练习实例：删除聊天窗口

当用户在 ChatGPT 聊天窗口中完成了当前话题的对话后，如果不想保留聊天记录，那么可以进行删除操作，将 ChatGPT 聊天窗口删除，具体操作步骤如下。

步骤 01　选择一个聊天窗口，单击■■■按钮，在弹出的列表中选择 Delete chat（删除聊天）选项，如图 1.37 所示。

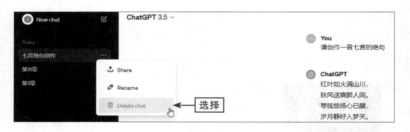

图1.37　选择 Delete chat(删除聊天)选项

步骤 02　执行操作后，弹出 Delete chat? 对话框，如图 1.38 所示。如果确认删除聊天窗口，则单击 Delete（删除）按钮；如果不想删除聊天窗口，则单击 Cancel（取消）按钮即可。

图1.38　弹出 Delete chat? 对话框

1.5　综合实例：在新建的聊天窗口中创作一首儿歌

用户可以直接在 ChatGPT 中新建一个聊天窗口，并通过输入相关提示词来创作一首儿歌，具体操作步骤如下。

步骤 01 打开 ChatGPT 并进入一个使用过的聊天窗口，单击左上角的 New chat（新建聊天窗口）按钮，新建一个聊天窗口，在输入框中输入提示词，如"请创作一首儿歌"，如图 1.39 所示。

图1.39　在输入框中输入提示词

步骤 02 按 Enter 键发送，即可与 ChatGPT 开始对话。ChatGPT 会根据要求进行儿歌的创作，如图 1.40 所示。

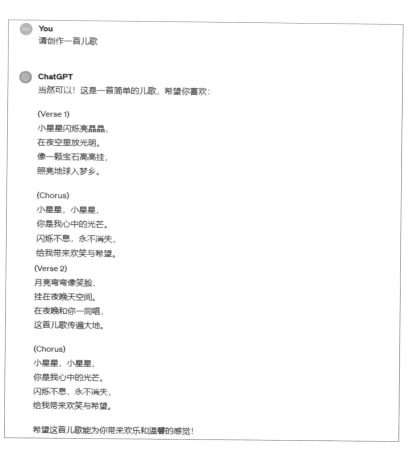

图1.40　ChatGPT 根据要求创作的儿歌

▶ 温馨提示

　　借助 ChatGPT 创作儿歌之后，用户还可以参考 1.2.5 小节和 1.2.6 小节中的操作方法，将儿歌的歌词保存在记事本中，以便后续进行查看。

本 章 小 结

本章主要从ChatGPT的基础知识、基础操作、进阶操作和聊天窗口管理这4个方面展开，并配备了相关的综合实例。希望读者在学完本章的内容之后，能够快速了解ChatGPT并掌握其入门的方法。

课 后 习 题

1. 使用ChatGPT灵活地描述金丝猴的外观特点，效果如图1.41所示。

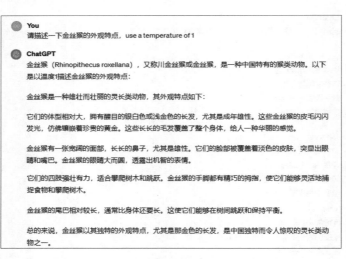

图1.41　ChatGPT灵活地描述金丝猴的外观特点

2. 使用ChatGPT生成神话人物孙悟空的关系图，效果如图1.42所示。

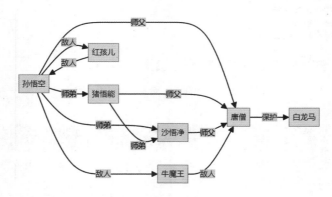

图1.42　神话人物孙悟空的关系图

编写与优化ChatGPT的提示词　第 2 章

基于对 ChatGPT 的了解，我们知道 ChatGPT 回复的内容与输入的提示词有着直接的关系，也就是说，输入的提示词越准确，获得的回复内容就会越优质。本章将介绍一些有效的方法，能够更好地编写和优化 ChatGPT 的提示词。

本章重点

- ChatGPT 提示词的挖掘方法
- ChatGPT 提示词的实用指令
- 通过提问的形式编写 ChatGPT 的提示词
- 优化 ChatGPT 提示词的方法
- 综合实例：让 ChatGPT 提供运营降本提效方案

2.1 ChatGPT 提示词的挖掘方法

当需要 ChatGPT 提供帮助时，可以输入合适的提示词，让 ChatGPT 识别、理解并提供回复。因此，有效地运用 ChatGPT 的关键在于挖掘提示词。本节将介绍一些 ChatGPT 提示词的挖掘方法。

2.1.1 练习实例：选择贴切的提示词

扫码
看视频

挖掘提示词的第一步是选择贴切的提示词。当遇到难题时，先思考一下问题的背景和相关因素，这样可以更好地了解问题的本质和需要的信息。确定问题的核心关键词，以便在使用 ChatGPT 进行提问时能更准确地表达需求。下面介绍选择贴切提示词的操作方法。

步骤 01 设置较为宽泛的提示词，如在 ChatGPT 中输入"请写出 10 个关于旅游的文案"，生成的回复如图 2.1 所示。

> OU 请写出10个关于旅游的文案
>
> 当旅行成为梦想，文字成为画笔，这些关于旅游的文案可以为你的旅行灵感增色：
>
> 1. "旅行是人生最美的风景照。"
> 2. "世界是一本开放的书，而旅行是最佳的章节。"
> 3. "行走无疆，寻找心的方向。"
> 4. "旅行是忘却的艺术，回忆的源泉。"
> 5. "远方的风景总是最诱人的。"
> 6. "旅行不仅仅是去某个地方，更是发现自己。"
> 7. "在路上，我们找到生活的答案。"
> 8. "旅行是从自己的世界走出来，进入更广阔的宇宙。"
> 9. "不是地方，而是旅行的精彩。"
> 10. "在旅途中，我们不仅发现了风景，也发现了自己的力量。"
>
> 这些文案可以让你在社交媒体、博客或旅行照片上分享你的旅行经历，激发其他人的兴趣和灵感。

图 2.1 输入较为宽泛的提示词生成的回复

步骤 02 设置较为具体的提示词，如在 ChatGPT 中输入"请写出 10 个关于去成都旅游的文案"，生成的回复如图 2.2 所示。

▶ 温馨提示

ChatGPT 对于宽泛的提示词和具体的提示词的辨别度是不同的，因此会给用户提供不一样的回复。在输入宽泛的提示词时，ChatGPT 给出的回复会较为概念化，涉及多个方面的信息；而在输入具体的提示词时，ChatGPT 会给出更贴近提问的回复。两种提示词各有其用处，用户选择输入哪种提示词取决于其真正的需求是什么。

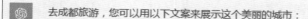

OU 请写出10个关于去成都旅游的文案

去成都旅游，您可以用以下文案来展示这个美丽的城市：

1. "成都，川菜的故乡，舌尖上的天堂。"
2. "在成都，慢下来，享受生活的味道。"
3. "成都的悠闲生活方式，让人向往不已。"
4. "熊猫之乡，与国宝来一次亲密接触。"
5. "成都不仅有美食，还有独特的文化和历史。"
6. "漫步宽窄巷子，感受古今交融的韵味。"
7. "成都的夜晚，灯火阑珊，美不胜收。"
8. "在锦里古街品味千年的文化传承。"
9. "成都人民的热情款待，让你宾至如归。"
10. "探索成都的每个角落，发现它的独特魅力。"

这些文案可以用于社交媒体、旅游宣传材料或博客，来吸引更多游客前往成都探索这个美丽的城市。

图2.2　输入较为具体的提示词生成的回复

2.1.2　练习实例：确定提示的主题

对 ChatGPT 提示词进行挖掘，实则是想要给予 ChatGPT 提示，从而获得更为理想的回复。一般来说，当用户选择较为宽泛的提示词时，是想要 ChatGPT 生成一些事实性、概念性的回复，如输入"请说出世界上最大的湖是什么？"的提示。而用户选择较为具体的提示词，多数是想要 ChatGPT 提供一些灵活性的回复，如输入"用诗意的语言描述一下武当山"的提示。

为此，挖掘提示词的方法在于如何确定较为具体的提示词。因此，应注意以下三点：①明确提示的主题；②确定具体的提示词；③明确具体的需求。

例如，通过 ChatGPT 生成一篇文章大纲，是关于呼吁保护环境的，那么"呼吁保护环境"便是提示的主题，而"一篇文章大纲"则是用户的需求。组织一下语言，便可以在 ChatGPT 中输入提示词"请提供一篇关于呼吁保护环境的文章大纲"，生成的回复如图2.3所示。

简而言之，用户想要通过 ChatGPT 生成灵活性的回复，则需要在提示词上说明主题，主题需要具体到某个领域、某个行业或某个话题。

请提供一篇关于呼吁保护环境的文章大纲

以下是一篇呼吁保护环境的文章大纲：

I. 引言
A. 引入环境问题的重要性和紧迫性
B. 提出文章的目的：呼吁人们采取行动保护我们的星球

II. 当前环境问题
A. 描述全球性和地方性的环境问题，如气候变化、森林砍伐、空气和水质污染、物种灭绝等
B. 提供数据和案例研究来强调这些问题的严重性

III. 环境问题的根本原因
A. 探讨导致环境问题的因素，包括工业化、过度消费、污染和不负责任的资源开采
B. 强调人类活动对地球的不可持续压力

IV. 环境问题对人类的影响
A. 讨论环境问题如何威胁人类的健康、经济和社会稳定
B. 强调气候变化对世界范围内社区的影响

V. 呼吁行动
A. 提出解决环境问题的紧急性，强调不能再拖延
B. 呼吁政府、企业、个人和社会团体采取行动
C. 引用成功的环保行动案例

VI. 个体行动
A. 提供个体可以采取的具体行动，如节约能源、减少垃圾、支持可持续产品等
B. 鼓励读者改变日常生活方式以减少环境影响

VII. 教育和意识提升
A. 讨论环保教育的重要性，从学校到社区
B. 强调提高公众对环境问题的意识和知识的必要性

VIII. 结语
A. 总结环境问题的严重性和可持续发展的紧迫性
B. 鼓励读者积极参与环保活动，为未来的世代创造更美好的世界
C. 强调每个人都可以成为环保行动的一部分，为地球的未来贡献力量。

这个大纲可以帮助你构建一篇有力的文章，呼吁人们保护环境，采取行动来解决当前的环境问题。

图 2.3 ChatGPT 生成的关于呼吁保护环境的文章大纲

2.1.3 练习实例：细化主题描述

扫码
看视频

当用户在给 ChatGPT 的提示词中说明了主题的情形下，仍然没有得到理想的回复时，可以进一步细化主题描述，多加入一些限定语言或条件。如用户需要 ChatGPT 提供手机的详情页文案，具体操作步骤如下。

步骤 01 在拟写提示词时添加"要求突出产品优势，有吸引力"等限定语言，生成的回复如图 2.4 所示。

请提供某款手机的电商详情页文案，要求突出产品优势，有吸引力

当编写某款手机的电商详情页文案时，可以突出以下产品优势，同时使其具有吸引力：

产品名称：超级智能手机X7

产品描述：

迎接未来，超级智能手机X7引领智能科技新潮流。它不仅仅是一部手机，更是您生活的智能伙伴，打破传统，让您体验全新的手机世界。

产品优势：

1. **超视野屏幕**：X7拥有6.5英寸AMOLED显示屏，提供惊人的色彩和对比度，带来震撼的视觉体验，让您沉浸其中。
2. **卓越性能**：强大的八核处理器和8GB RAM确保您的手机始终运行流畅，无论是多任务处理还是高清游戏。
3. **AI摄影大师**：X7搭载了AI增强相机系统，自动识别场景，拍摄出令人惊叹的照片。不论是白天或夜晚，都能轻松拍摄出完美瞬间。
4. **长续航**：高容量电池确保您的手机一整天都能工作，再也不用担心电量不足。
5. **安全无忧**：指纹识别和面部解锁技术让您的手机安全可靠，数据始终受到保护。
6. **极速充电**：支持快速充电技术，10分钟即可续航2小时，让您不再受到电量的困扰。

为什么选择超级智能手机X7？

我们不仅提供出色的性能和功能，还为您提供未来智能科技的尖端体验。超级智能手机X7将改变您对手机的认知，让您体验智能科技的全新高度。

购买提示：

加入智能革命，选择超级智能手机X7，它将成为您生活的不可或缺的一部分，为您打开全新的手机体验之门。现在购买，尽情享受未来智能科技的乐趣！

图2.4　添加限定语言的提示生成的回复

步骤 02 进一步细化主题描述，如输入提示词"从不同的受众角度出发，重新提供详情页文案"，生成的回复如图 2.5 所示。

▶ **温馨提示**

用户可以在拟写提示词时，加入副词、形容词等限定词汇，让提示词更加具体，更能接近我们所期待的答案。另外，在提示词中设置限定条件的常用做法是让 ChatGPT 进行角色扮演，然后描述这一角色要完成的任务或面临的困境。

从不同的受众角度出发，重新提供详情页文案

当针对不同的受众编写详情页文案时，可以根据他们的需求和兴趣来调整文案内容。以下是面向不同受众的详情页文案示例：

面向技术爱好者：

产品名称： 超级智能手机X7

产品描述：
迎接智能科技的未来，超级智能手机X7是您的终极选择。这款手机不仅是一部通信工具，更是一项技术壮举。它采用了最先进的处理器和操作系统，拥有AI增强相机、AMOLED显示屏和快速充电技术。掌握最新科技，选择X7。

购买提示：
升级到未来智能科技的最前沿，选择超级智能手机X7。这款手机将满足您对技术的挑剔需求，带来无与伦比的体验。

面向家庭用户：

产品名称： 超级智能手机X7

产品描述：
为家庭而生，超级智能手机X7是全家人的智能伙伴。它拥有直观易用的界面，卓越的相机，以及安全的面部解锁技术。从拍摄美好瞬间到保护个人隐私，X7是一部为家庭而设计的手机。

购买提示：
为您的家庭选择超级智能手机X7，它将成为您记录珍贵时刻、保持联系和享受智能科技的完美选择。

面向商务专业人士：

产品名称： 超级智能手机X7

产品描述：
商务世界的绝佳选择，超级智能手机X7提供高性能、安全和高效率。它支持多任务处理，具有卓越的通信功能，以及安全的指纹和面部解锁。无论在办公室还是出差，在X7的支持下，您能够事半功倍。

产品描述：
商务世界的绝佳选择，超级智能手机X7提供高性能、安全和高效率。它支持多任务处理，具有卓越的通信功能，以及安全的指纹和面部解锁。无论在办公室还是出差，在X7的支持下，您能够事半功倍。

购买提示：
提升您的商务效率，选择超级智能手机X7，它将成为您工作中不可或缺的合作伙伴，帮助您更轻松地管理日常任务。

面向环保意识者：

产品名称： 超级智能手机X7

产品描述：
环保的选择，超级智能手机X7采用可持续材料，支持快速充电以减少能源浪费。它还具有卓越的电池续航，减少电池更替次数，减少环境负担。选择X7，是选择环保未来的一部分。

购买提示：
选择环保友好的超级智能手机X7，它不仅满足您的需求，还有助于保护地球。为了更绿色的未来，选择X7。

图2.5　加入不同受众需求生成的回复

2.2　ChatGPT 提示词的实用指令

在前面的章节中，了解到使用温度指令可以让 ChatGPT 的回复更加灵活，可见在提示词中加入指令是十分有效的。本节将介绍一些更实用的指令，用户直接套用，即可提高使用 ChatGPT 的效率。

2.2.1　调试语言风格的指令

当用户需要调试 ChatGPT 的语言风格、内容属性时，可以套用"你的角色【专业领域】+你的能力【成果期待】+我希望你【任务需求】"这一指令模板，让其生成我们想要的回复。

例如，在 ChatGPT 的输入框中输入提示词"你的角色是短篇小说家，你的能力是善于捕捉和观察生活中的细节，并以讲故事的方式，创作富有哲理的小说。现在我希望你从描述一个卖小菜的老奶奶入手，写一篇引人入胜的小说"，生成的回复如图 2.6 所示。

你的角色是短篇小说家，你的能力是善于捕捉和观察生活中的细节，并以讲故事的方式，创作富有哲理的小说。现在我希望你从描述一个卖小菜的老奶奶入手，写一篇引人入胜的小说

在一个熙熙攘攘的城市街头，有一位年迈的老奶奶，她悉心照料着一家小小的摊位。这个摊位，不是售卖奢侈品的精品店，也不是高档餐厅，而只是一个卖小菜的摊位。

老奶奶的名字叫玛丽亚，她年近八旬，身材微小，却依旧坚韧地挡在小摊前。每天清晨，她会去市场，仔细地选择最新鲜的蔬菜。然后，她将它们小心翼翼地洗净，摆放在摊位上，仿佛在展示自己的珍宝。

尽管她卖的只是些普通的小菜，却有一种神奇的力量，能够吸引人们停下脚步，凝视片刻。老奶奶不仅出售蔬菜，还传递着一种生活的智慧。她的微笑总是温暖而真诚，她的眼神充满睿智和经历。

有一天，一个年轻人来到了老奶奶的摊位前。他匆匆忙忙，面容紧张，看上去似乎丧失了自己的方向。老奶奶欢迎他，问道："孩子，今天有什么烦恼吗？"年轻人一边点头，一边点了一些蔬菜，随后开始倾诉。

他告诉老奶奶，工作让他感到压力山大，生活充满焦虑，仿佛每一天都是一个无尽的挑战。老奶奶倾听着，然后温柔地说："生活就像这些蔬菜一样，有苦有甜，有丰收也有枯萎。但无论如何，都要珍惜每一天，感恩生活中的点滴。你看，这颗西红柿虽然不完美，但它依然充满了美味和价值。"

年轻人沉思着，突然有了一种豁然开朗的感觉。他意识到，生活并不总是一帆风顺，但在每一天的普通中，也蕴藏着无限的可能。

老奶奶的话语如小菜一般，虽然普通，却富含深意。她用心观察生活，用故事的方式传递智慧。每个人都可以从她那里学到一些关于坚韧、感恩和珍惜的重要课程。

随着时间的推移，老奶奶的摊位仍然在那里，虽然她的步履已不再稳健，但她的微笑和智慧依然吸引着人们。她的小菜，虽然普通，却带来了不平凡的启发。老奶奶的故事传遍了城市，成为了一个关于生活的传奇。

图 2.6　加入调试语言风格的指令生成的回复

2.2.2　生成专业回复的指令

随着ChatGPT的应用场景不断扩大，使用人群不断增多，人们对ChatGPT生成更加专业性的答案的需求也不断增多。而掌握"问题背景＋任务需求＋行业专家模板或方法论"这一实用指令，能够帮助我们提高使用ChatGPT的效率。这一实用指令的应用方法如下。

在ChatGPT的输入框中输入"根据《突破性广告》书中的原理，生成10个关于手机的广告宣传语"，生成的回复如图2.7所示。可以看出，按照"问题背景＋任务需求＋行业专家模板或方法论"这一指令模板向ChatGPT进行提问，能够让ChatGPT生成更为专业的回复。后续还可以继续提问，让ChatGPT对所生成的回复进行原理解释。

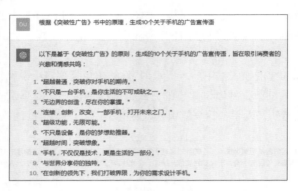

图2.7　加入生成专业回复的指令生成的回复

2.2.3　拓宽思维广度的指令

如果用户需要用ChatGPT来做创意、项目以及策划类的方案，可以在提问时加上指令What are some alternative perspectives?（有哪些可以考虑的角度？），拓宽ChatGPT的思维广度。

例如，在ChatGPT输入框中输入提示词"描述苹果的特征，What are some alternative perspectives?"，让ChatGPT从多个维度来描述苹果，生成的回复如图2.8所示。

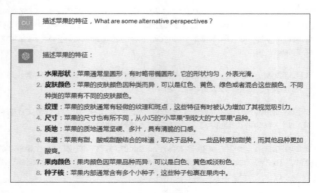

图2.8　加入拓宽思维广度的指令生成的回复

2.2.4 解决回复中断的指令

由于ChatGPT的研发者对ChatGPT连续性生成回复进行了字数限制，因此用户在使用ChatGPT时，可能会遇到回复中断的情况。此时，用户只需要在ChatGPT的输入框中输入提示词指令“继续”，即可解决这一问题，如图2.9所示。

OU 请以保护大熊猫为主题，写一篇800字左右的文章

守护国宝：保护大熊猫的使命

在茂密的竹林中，一只黑白色的大熊猫悠然自得地吃着竹叶，它的圆圆的眼睛闪烁着智慧的光芒。大熊猫，是中国的国宝，也是全球生物多样性的代表之一。然而，它们的生存环境正受到威胁，因此我们有责任守护它们，确保它们能够继续生存于地球上。

大熊猫的生态角色

大熊猫（Ailuropoda melanoleuca）是地球上最稀有的哺乳动物之一，也是中国的象征之一。它们生活在中国的竹林中，主要以竹子为食，因此也被称为“竹食性动物”。大熊猫在生态系统中扮演着重要的角色，通过吃竹子控制了竹林的生长，同时也是其他生物的食物来源。

然而，大熊猫的栖息地正不断受到破坏，竹林被伐木、农业扩张和城市建设所侵蚀。这导致了大熊猫的生存面临威胁，它们的栖息地越来越狭小，食物变得更加稀缺。

保护大熊猫的努力

中国政府和国际社会一直在保护大熊猫。中国设立了自然保护区，专门用于保护大熊猫及其栖息地。大熊猫的

OU 继续

种群数量，提高了它们的生存机会。大熊猫的国际合作项目还有助于推动保护其他濒危物种的努力，因为它们提供了宝贵的经验和资源。

大熊猫的生存挑战

尽管取得了一些进展，大熊猫仍然面临着严峻的生存挑战。其中一项挑战是栖息地丧失，导致大熊猫的分布范围越来越有限。气候变化也对它们的栖息地产生了影响，使得竹子的生长季节不断变化，给大熊猫的食物供应带来了不确定性。

另一个挑战是大熊猫的繁育问题。大熊猫的繁育非常困难，雄性和雌性很少有繁殖的兴趣，而且繁育成功率低。这使得增加野外种群的数量成为一个复杂的任务。

每个人都是守护者

保护大熊猫不仅仅是中国的责任，它是全球的责任。每个人都可以成为大熊猫的守护者，参与保护它们的工作。以下是一些方法：

1. **支持保护项目**：支持大熊猫的保护项目，捐款、志愿工作或参与教育活动，以提高人们对大熊猫的认识。
2. **可持续生活**：采取可持续的生活方式，减少对自然资源的消耗，帮助减轻大熊猫栖息地的压力。
3. **教育与宣传**：教育朋友和家人有关大熊猫的重要性，宣传保护濒危物种的信息。
4. **支持自然保护区**：访问大熊猫栖息地时，遵守保护区规定，尊重自然环境。
5. **采用可持续消费**：支持以可持续方式生产的产品，减少不必要的消费。

结语：守护大熊猫，守护生态平衡

大熊猫代表了中国和全球的生物多样性。保护它们不仅是保护这一壮丽物种本身，还是保护我们共同的地球。大熊猫的生存是一个生态平衡的体现，我们有责任确保这一平衡不被破坏。每个人都可以成为守护者，为大熊猫的未来努力，确保它们能够继续在我们的星球上生存和繁衍。保护大熊猫，就是保护地球的未来。

图2.9 加入解决回复中断的指令生成的回复

2.3 通过提问的形式编写ChatGPT的提示词

基于对 ChatGPT 的了解，我们知道 ChatGPT 发挥作用的关键在于恰到好处地提问，而要做到这一点，则需要掌握一定的提问技巧，即学会用提问的形式写出合适的提示词。本节将介绍一些有效的方法，以帮助大家更好地对 ChatGPT 进行提问。

2.3.1 练习实例：循序渐进地提问

扫码
看视频

相对于其他 AI 工具，ChatGPT 的优势在于擅长联系上下文来生成答案，因此用户可以将 ChatGPT 视作"人"进行沟通，通过循序渐进的提问，能够使答案更加接近我们的预期，具体操作步骤如下。

步骤 01 在 ChatGPT 的输入框中输入提示词"创作一篇超现实主义的小说要做哪些准备"，按 Enter 键发送，ChatGPT 生成的创作超现实主义小说的准备步骤如图 2.10 所示。

> OU 创作一篇超现实主义的小说要做哪些准备
>
> 创作一篇超现实主义的小说需要一些准备和研究，以确保你能够成功地捕捉这种独特的文学风格。以下是一些准备步骤：
>
> 1. **研究超现实主义**：首先，你需要深入了解超现实主义的起源、历史和核心原则。研究超现实主义的代表作家，如安德烈·布勒东、萨尔瓦多·达利和路易斯·布纳尔的作品，以获得灵感。
> 2. **理解核心特征**：超现实主义的文学特征包括超越逻辑、梦幻、随机性、讽刺、幽默和不寻常的联想。确保你理解并能够应用这些特征。
> 3. **寻找创作灵感**：超现实主义强调潜意识和非线性思维。探索你的梦境、幻觉、怪异的思维和想法，这些都可能成为创作的灵感源泉。
> 4. **制定大纲**：虽然超现实主义作品可能充满随机性和不确定性，但在创作之前，考虑制定一个大纲或框架，以确保你的故事具有一定的结构和连贯性。
> 5. **使用随机性工具**：有时，使用随机工具，如抽象主题或联想词汇，可以帮助你产生非传统的思维方式，创作出更具超现实主义特征的作品。
> 6. **对比和比喻**：在超现实主义中，对比和比喻可以用来创建奇特的形象和情节。考虑如何使用它们来突出你的故事。
> 7. **语言的创新**：超现实主义常常涉及到语言的创新和转变。尝试打破常规的文学结构和语法，以创造更富有想象力的作品。
> 8. **审慎使用符号**：超现实主义中符号和象征物的使用可以使作品更加深刻。考虑如何使用符号来传递你的主题和想法。
> 9. **审阅和修订**：一旦完成初稿，花时间审阅和修订你的作品。确保它仍然具有内在的逻辑和连贯性，即使它充满了非传统元素。
> 10. **创造自由的创作环境**：超现实主义鼓励自由和想象，所以创造一个没有束缚的创作环境对于创作超现实主义作品至关重要。
>
> 超现实主义的创作是一项有趣而富有挑战性的任务，它允许作家探索梦幻和非线性思维，传达情感和观念。准备和研究将帮助你更好地理解这种文学风格，从而更好地创作超现实主义的小说。

图2.10 ChatGPT生成的创作超现实主义小说的准备步骤

步骤 02 在同一个聊天窗口中继续输入提示词，如"如何塑造让人记忆深刻的角色"，按 Enter 键发送，ChatGPT 生成的塑造角色的方法，如图 2.11 所示。

> OU 如何塑造让人记忆深刻的角色
>
> 要塑造让人记忆深刻的角色，需要一些精心的策划和创造性的技巧。以下是一些关键要素，可以帮助你塑造令人难忘的角色：
>
> 1. **独特性**：确保你的角色具有独特的特征、个性和特长。不要刻板地塑造一个符合传统的角色，而是为他们赋予一些令人独特的特质，使他们在读者心中脱颖而出。
> 2. **深度和复杂性**：角色应该有深度，不是单一维度的。他们的过去、情感、动机和冲突应该展现出复杂性，使读者能够更好地理解他们。
> 3. **内心冲突**：令人难忘的角色通常面临内心冲突，这些冲突使他们更有人性，更容易引起读者的共鸣。考虑他们的内在挣扎和成长过程。
> 4. **情感共鸣**：好的角色应该能引起读者的情感共鸣。通过描写他们的情感经历、痛苦、欢乐和爱，使读者与他们建立情感联系。
> 5. **独特的目标和动机**：角色的目标和动机应该与故事情节紧密相连，同时也应该是与众不同的。这些目标和动机可以推动故事的发展。
> 6. **人性特征**：给角色赋予真实的人性特征，包括缺点、弱点和错误。不要害怕让他们犯错，因为这些错误可以使他们更真实，也更具吸引力。
> 7. **独特的语言和对话**：通过独特的语言风格和对话方式，为角色赋予声音。不同的角色应该有不同的说话方式，以区分他们。
> 8. **背景故事**：角色的背景故事对于他们的性格和行为有着重要作用。通过揭示他们的过去，可以更好地理解他们的行为和决策。
> 9. **动态发展**：角色应该在故事中有动态的发展。他们的成长和变化可以使读者对他们的演变产生兴趣。
> 10. **视角切换**：有时，通过不同角度的叙述，可以深化角色的复杂性。尝试通过不同角色的眼睛来看待故事，以展现不同的维度。
> 11. **鲜活的描述**：使用生动的描述和详细的描写，使角色在读者的脑海中生动而清晰。
> 12. **令人难忘的冲突**：为角色创建有力的冲突和挑战，这将测试他们的性格，并使他们更加令人难忘。
>
> 最重要的是，要确保你深入了解你的角色，以便他们能够在故事中自然而然地行动和反应。令人难忘的角色往往是深思熟虑的，有生命力的，能够触及读者内心的角色。

图2.11　ChatGPT生成的塑造角色的方法

步骤 03 继续提问其他细节，如输入提示词"如何描写超现实的环境"，按 Enter 键发送，ChatGPT 生成的描写超现实环境的方法，如图 2.12 所示。

▶ **温馨提示**

　　用户运用这个方法向 ChatGPT 进行提问时，相当于将 ChatGPT 视作一个知识渊博的"人"，循序渐进地抛出问题使其满足我们的好奇心。

> OU　如何描写超现实的环境

描写超现实的环境是一项具有挑战性但创意无限的任务。这些环境常常充满奇特和异想天开的元素，挑战了现实的规则和逻辑。以下是一些方法，可帮助你成功地描写超现实的环境：

1. **设立规则**：尽管超现实环境追求非传统和离经叛道，但仍需要内部一致性。在创作之前，设立一些内部规则，以确保环境中的元素具有某种逻辑和一致性。
2. **使用象征和隐喻**：超现实环境常常包含象征和隐喻，这些元素可以帮助读者理解环境的深层意义。考虑如何使用象征和隐喻来强化环境的主题和情感。
3. **描述感官体验**：用丰富的感官描述来传达环境的感觉，包括视觉、听觉、触觉、嗅觉和味觉。这有助于读者更深入地沉浸在环境中。
4. **突破逻辑限制**：不要受限于现实的逻辑。允许环境中发生不可能的事情，如飞行的鱼、言语的风等。这种突破逻辑的特点是超现实主义的核心。
5. **创造新的生物和生物群落**：超现实的环境可能包含奇怪的生物和生物群落。描写这些生物的特征、行为和关系，使环境更加生动。
6. **变换时间和空间**：超现实的环境可能不受时间和空间的限制。探索如何以非传统的方式呈现时间流逝和空间关系，以创造独特的环境。
7. **深化情感体验**：超现实环境也可以用来强化情感体验。通过环境元素的选择和描写方式，传达角色的情感和内心冲突。
8. **隐含故事**：超现实环境可以含有隐含的故事和背景，这些故事可以在阅读中逐渐揭示。这使读者更加好奇和投入。
9. **自由联想**：允许自己的思维自由联想，不要受限于传统的写作规则。超现实主义鼓励创造性思考，所以不要害怕尝试新的写作技巧。
10. **审阅和修订**：确保环境描写既具有创意，又具有清晰度和连贯性。经过审阅和修订，以确保环境描写服务于故事的整体目标。

最重要的是，要有创造力和勇气，不害怕挑战传统，探索超现实环境的奇幻之旅。超现实的环境可以丰富你的故事世界，激发读者的想象力，并让他们沉浸在一个独特的现实之中。

图 2.12　ChatGPT 生成的描写超现实环境的方法

2.3.2　练习实例：归纳问题式提问

扫码
看视频

　　归纳问题式提问是指用户在编写提示词时，将有共性的问题整理、归纳在一起，作为提示词提供给 ChatGPT 的提问方式。这类提问方式有很好的目标指向性，能够引导 ChatGPT 给出有针对性的回复。

　　归纳问题式提问会涉及分类、归纳和概括的思维过程，能够帮助 ChatGPT 生成比较有逻辑性的答案。下面将举例介绍归纳问题式提问的具体操作步骤。

步骤 01 在 ChatGPT 的输入框中输入提示词，如"希区柯克的电影有哪些特色？对悬疑类剧本的创作有哪些启示？"，如图 2.13 所示。

希区柯克的电影有哪些特色？对悬疑类剧本的创作有哪些启示？　←输入

ChatGPT can make mistakes. Verify important information.

图 2.13　在输入框中输入提示词

步骤 02 按 Enter 键发送，ChatGPT 结合这两个问题生成的回复如图 2.14 所示。

希区柯克的电影有哪些特色？对悬疑类剧本的创作有哪些启示？

 阿尔弗雷德·希区柯克（Alfred Hitchcock）是悬疑电影的巨匠，他的电影有许多特色，这些特色对于悬疑类剧本的创作提供了宝贵的启示：

1. **悬念的建立**：希区柯克擅长建立紧张和引人入胜的悬念。他通过精心设计的情节、镜头和音乐来创造紧张感，将观众紧紧吸引在剧情中。创作者可以从中学习如何逐步揭示信息，以保持观众的兴趣。
2. **主题的探索**：希区柯克的电影经常探讨了人性、罪恶、错认和心理复杂性等主题。他深入挖掘角色的内心世界，将情感和心理层面融入剧情中。创作者可以借鉴这种方法，通过角色的内在冲突来增加悬疑性。
3. **视觉元素**：希区柯克是一位出色的视觉导演，他善于利用摄影技巧、镜头语言和视觉元素来增强故事的效果。视觉元素在悬疑电影中可以用来引导观众的注意力、营造氛围和揭示重要细节。
4. **反转和出奇不意的情节转折**：希区柯克的电影以其令人吃惊的情节反转而闻名。他擅长以出奇不意的方式颠覆观众的期望，创造戏剧性的效果。创作者可以思考如何在剧本中引入出奇不意的情节元素，让观众感到意外。
5. **心理悬疑**：希区柯克的电影常常探索心理悬疑，包括角色的心理状况、心理折磨和人际关系的复杂性。这种心理层面的悬疑可以增加故事的深度和复杂性。
6. **角色的复杂性**：希区柯克的电影中的角色往往具有丰富的心理和情感层面。创作者可以通过深入挖掘角色的背景、动机和内心冲突，使角色更加引人注目和复杂。
7. **幽默元素**：尽管他的电影通常紧张和悬疑，希区柯克也善于引入幽默元素，以缓解紧张感，增加观众的参与感。在悬疑剧本中，巧妙地使用幽默可以增强故事的吸引力。
8. **音效的利用**：希区柯克的电影中音效的运用很巧妙，音乐和声音效果经常用来增强情感和紧张感。在剧本中，考虑如何使用音效来营造氛围和情感。

总之，希区柯克的电影为悬疑类剧本提供了许多启示，包括建立悬念、深入探索角色的内心世界、使用视觉元素和音效来增强故事效果，以及创造出奇不意的情节反转。学习和借鉴他的创作技巧可以帮助创作者打造令人难忘的悬疑故事。

图2.14　ChatGPT结合两个问题生成的回复

2.3.3　练习实例：添加条件式提问

 扫码
看视频

　　当用户对ChatGPT的回复不太满意时，可以在提示词中添加条件进行循环提问，在ChatGPT所给回复的基础上不断地进行追问，直到获得接近用户预期的答案为止。

　　这类提问方式相当于挖掘ChatGPT的潜力，通过提问的方式让ChatGPT自行优化升级，从而获得最优的解决方案，具体操作步骤如下。

步骤 01 在ChatGPT的输入框中输入"请以月亮为主题创作一首诗，不超过50个字"，按Enter键发送，ChatGPT生成的符合主题的回复，如图2.15所示。

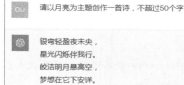

图2.15　ChatGPT生成的符合主题的回复

步骤 02 在同一个聊天窗口中输入"请重新写一首诗，要求多一些新意和感情，并给出解释"，按 Enter 键发送，ChatGPT 按照要求生成的回复如图 2.16 所示。

> OU　请重新写一首诗，要求多一些新意和感情，并给出解释
>
> 　月牙如弓悬碧空，
> 　夜色如绢染轻风。
> 　思念似月皎洁明，
> 　情愁寄与星光中。
>
> 　这首诗以月亮为主题，描述了一轮明亮的月牙高悬在夜空中，与柔和的夜色相映成趣。同时，诗中表达了作者的情感，将思念之情寄托于星光之中，借月亮这一象征来强调思念的美好和纯洁。

图2.16　ChatGPT 按照要求生成的回复

步骤 03 在同一个聊天窗口中输入"请重新写一首诗，要求比前面的诗更富有哲理，并给出解释"，按 Enter 键发送，ChatGPT 按照要求生成新的回复如图 2.17 所示。

> 　请重新写一首诗，要求比前面的诗更富有哲理，并给出解释
>
> 　月下寂静悄然行，
> 　寒光如水照尘埃。
> 　生命如月度岁差，
> 　时光不待人儿在。
>
> 　这首诗以月亮为主题，探讨了时间的流逝和生命的短暂性。月亮的寂静和明亮的光辉象征了时间的静默和生命的瞬息。月亮的阴晴圆缺反映了生命中的起伏和变化，而生命如同月球表现出岁差，因此它并不等待人类的计划和愿望。

图2.17　ChatGPT 按照要求生成新的回复

2.3.4　练习实例：综合多维度提问

扫码
看视频

　　综合多维度提问可以获得更加全面、更加深入的回复，如让 ChatGPT 综合剧情、导演风格、角色表演、视觉效果等多个维度来评价一部电影，可以获得更清晰、明确的答案，具体操作步骤如下。

步骤 01 在 ChatGPT 的输入框中输入"《公民凯恩》的剧情有什么特点？"，按 Enter 键发送，ChatGPT 生成的剧情方面的评价如图 2.18 所示。

步骤 02 在同一个聊天窗口中输入"主演的演技如何？能否让观众产生代入感？"，按 Enter 键发送，ChatGPT 生成的角色表演方面的评价如图 2.19 所示。

OU 《公民凯恩》的剧情有什么特点？

《公民凯恩》（Citizen Kane）是由奥逊·威尔斯执导，于1941年上映的经典电影。这部电影有以下几个主要剧情特点：

1. **非传统叙事结构**：电影以非传统的叙事结构展开，通过回顾和记忆的方式来揭示主人公查尔斯·凯恩的生平。观众在剧中跟随记者杰里·汤普森一同探访凯恩的过去，以了解他的生活和身世。
2. **主题：权力、财富和孤独**：电影探讨了权力、财富和孤独这些主题。它讲述了查尔斯·凯恩从年轻的新闻出版商崛起为财富巨头，但最终沦为孤独和失落的富翁。凯恩的故事反映了权力和金钱并不能带来真正的满足和幸福。
3. **深入角色塑造**：电影以深入的方式描写了查尔斯·凯恩这一角色，包括他的童年、成年生活和晚年。观众通过他的多个生活阶段看到了他的变化和情感冲突。
4. **媒体与政治**：电影涉及了媒体的权力和政治的影响。查尔斯·凯恩拥有新闻出版业，他运用媒体来影响公众舆论和政治决策，这反映了媒体与政治的紧密联系。
5. **引人入胜的谜团**：电影一开始就建立了一个谜团，即查尔斯·凯恩的最后一句话："玫瑰花蕾是谁？"这个谜团成为整个电影的主线，观众随着杰里·汤普森一同解开这个谜团，以了解凯恩的生活。
6. **视觉和摄影风格**：电影采用了前卫的摄影和视觉风格，包括深奥的镜头构图、光影和镜头运动。这些元素使电影在视觉上令人印象深刻。

总的来说，《公民凯恩》是一部充满创新和深度的电影，以其非传统的叙事结构、深刻的主题、出色的角色塑造和视觉艺术而著称。它被认为是电影史上的经典之一，对电影制作和叙事产生了深远的影响。

图2.18　ChatGPT生成的剧情方面的评价

OU 主演的演技如何？能否让观众产生代入感？

奥逊·威尔斯在《公民凯恩》中的表演备受赞誉，并被认为是演技的高峰之一。他扮演的查尔斯·凯恩是一个复杂而深刻的角色，威尔斯成功地将这一角色带入生活，赋予其深厚的情感和人性。以下是关于他的演技的一些亮点：

1. **情感的表达**：威尔斯能够生动地表达查尔斯·凯恩的情感，包括愤怒、孤独、野心和失落。他的表演使观众能够深刻理解这个复杂的角色的内心世界。
2. **角色的多维性**：威尔斯将查尔斯·凯恩塑造成一个多维的角色，从年轻的野心勃勃的新闻出版商到老年的孤独和深思熟虑的富翁。他的表演传达了角色的成长和变化，使角色更具深度。
3. **声音和语言表达**：威尔斯的声音和语言表达能力出色，他的台词演绎极具张力。他的声音和表演为角色赋予了强烈的个性，使观众能够代入角色的情感。
4. **视觉表现**：威尔斯在电影中的视觉表现也备受称赞，包括在老年化妆和姿势方面的出色表现。他能够通过外貌和肢体语言传达角色的演进和情感。

总的来说，奥逊·威尔斯在《公民凯恩》中的表演是一次出色的演技展示，他成功地将观众代入了查尔斯·凯恩这一角色的内心世界，使人产生深刻的共鸣。这部电影的成功离不开威尔斯的杰出表演，他的演技使观众能够感受到角色的情感和复杂性，成为电影史上的经典之一。

图2.19　ChatGPT生成的角色表演方面的评价

步骤 03 在同一个聊天窗口中输入"该电影的视觉效果如何？"，按 Enter 键发送，ChatGPT 生成的视觉效果方面的评价如图 2.20 所示。

> OU　该电影的视觉效果如何？
>
> 《公民凯恩》的视觉效果在当时堪称前卫，充满创新和艺术性。以下是该电影的一些视觉特点：
>
> 1. **摄影和镜头构图**：电影的摄影由格雷格·托兰德（Gregg Toland）负责，他采用了一系列前卫的镜头技巧和构图手法。特别是采用了深景法（deep focus），这使得电影中前景、中景和背景都能保持清晰，营造出立体感的画面。
> 2. **黑白摄影**：电影采用了黑白摄影，这为影片创造了特有的视觉氛围。黑白影像强调了阴暗和明亮，增强了故事情感的表达。
> 3. **视觉效果的象征意义**：电影中的一些视觉元素具有象征意义，如雪球、凯恩的城堡、摄影棚中的巨大镜子等。这些元素为故事增加了深度和层次。
> 4. **追踪镜头**：电影中使用了一些复杂的追踪镜头，包括追踪镜头穿越凯恩的城堡以及新闻记者在桌子上的追踪。这些追踪镜头增加了视觉动感和戏剧性。
> 5. **剪辑和过渡**：电影中的剪辑和过渡技巧也颇具创意，例如在各个场景之间使用旋转过渡、显影效果等，以引起观众的注意和思考。
> 6. **角度和镜头选择**：电影中使用了不同的摄影角度和镜头选择，以强调角色的情感状态和故事情节。这些选择在角色心理描写方面非常成功。
>
> 总的来说，《公民凯恩》的视觉效果在当时的电影史上具有重要意义。它采用了前卫的摄影技巧和艺术性，为电影赋予了深度和层次。这些视觉元素与电影的非传统叙事结构相辅相成，创造了一部视觉和情感上引人入胜的经典之作。

图2.20　ChatGPT生成的视觉效果方面的评价

▶ **温馨提示**

　　从多个维度向 ChatGPT 提问电影评价，会获得更多有针对性的电影信息，而综合这些电影信息便可以获得更加全面的电影解读。

2.3.5　练习实例：提供选项的提问

扫码
看视频

　　当用户想让ChatGPT生成更有针对性的文案时，可以在提问时提供多个选项，类似于让ChatGPT做选择题，并给出答案的解析，具体操作步骤如下。

步骤 01 在 ChatGPT 的输入框中输入"我是一名 25 岁的单身女性，居住的房子虽然面积大但比较偏僻，想养一只小猫来陪伴我，要求掉毛少、体型较小、智商高，请从以下选项中选出符合我要求的小猫，并说明原因，可供选择的小猫包括：1、狸花猫；2、折耳猫；3、布偶猫；4、加菲猫"，如图 2.21 所示。

我是一名25岁的单身女性，居住的房子虽然面积大但比较偏僻，想养一只小猫来陪伴我，要求掉毛少、体型较小、智商高，请从以下选项中选出符合我要求的小猫，并说明原因，可供选择的小猫包括：1、狸花猫；2、折耳猫；3、布偶猫；4、加菲猫 ← 输入

ChatGPT can make mistakes. Verify important information.

图 2.21　在输入框中输入提示词

步骤 02 按 Enter 键发送，ChatGPT 按照提示词生成回复，如图 2.22 所示。

> OU　我是一名25岁的单身女性，居住的房子虽然面积大但比较偏僻，想养一只小猫来陪伴我，要求掉毛少、体型较小、智商高，请从以下选项中选出符合我要求的小猫，并说明原因，可供选择的小猫包括：1、狸花猫；2、折耳猫；3、布偶猫；4、加菲猫
>
> 考虑到你的需求，最适合你的选择是：
>
> 2、折耳猫
>
> 原因：
>
> - **掉毛少**：折耳猫通常有中等或短毛，因此它们通常不会掉很多毛发，相对容易清理。
> - **体型较小**：折耳猫通常具有中等到小型的体型，适合居住在大面积的房子，但也可以适应较小的空间。
> - **智商高**：折耳猫被认为是聪明且好奇的品种，它们容易训练，可以提供陪伴和智力刺激。
>
> 折耳猫的独特的外貌和性格特点使它们成为受欢迎的宠物选择。它们适合独居的人，可以成为亲密的伴侣，同时也不会占用太多的空间。所以，折耳猫符合你的要求，能够陪伴你，并在偏僻的环境中提供温暖和娱乐。

图 2.22　ChatGPT 按照提示词生成回复

2.4　优化 ChatGPT 提示词的方法

　　用户在与 ChatGPT 进行对话时，大多数的场景中都需要用到较为具体的提示词，而想要让 ChatGPT 生成更为满意的回复，则需要掌握一定的提示词优化方法。本节将介绍一些 ChatGPT 提示词的优化方法，帮助大家更加得心应手地运用 ChatGPT。

2.4.1　练习实例：模仿他人语言风格

 扫码
看视频

　　当用户不知道如何拟写关键词才能够获得满意的回复时，可以模仿语言风格，从用户自身出发，包括自己喜欢的影视人物、动漫人物、作家等语言风格，都可以让 ChatGPT 进行模仿。模仿他人语言风格的具体操作步骤如下。

步骤 01 在 ChatGPT 的输入框中输入提示词，如"模仿欧·亨利的语言风格，写一篇 300 字左右的小说"，如图 2.23 所示。

图 2.23　在输入框中输入提示词

步骤 02　按 Enter 键发送，ChatGPT 会模仿欧·亨利的风格写一篇短篇小说，如图 2.24 所示。

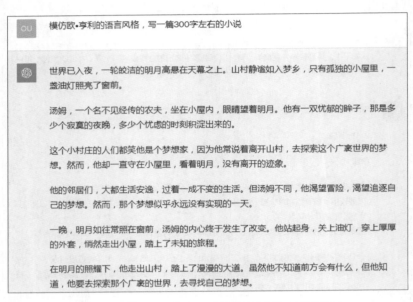

图 2.24　ChatGPT 模仿欧·亨利的语言风格生成的回复

扫码
看视频

2.4.2　练习实例：设定身份角色

ChatGPT 作为一个语言模型，可以充当各式各样的身份和角色，因此用户在与 ChatGPT 进行对话时，可以先赋予其身份，如让 ChatGPT 充当设计师，让其提供设计产品的建议，具体操作步骤如下。

步骤 01　在 ChatGPT 的输入框中输入"你是一名经验丰富的设计师，你想要设计一款手机，请问你在设计过程中会重点考虑哪些设计要素"，如图 2.25 所示。

图 2.25　在输入框中输入提示词

步骤 02　按 Enter 键发送，ChatGPT 会生成相应的回复，如图 2.26 所示。

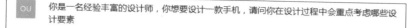

 你是一名经验丰富的设计师，你想要设计一款手机，请问你在设计过程中会重点考虑哪些设计要素

在设计一款手机时，需要综合考虑多个设计要素，以确保产品在外观、功能和用户体验方面都能够达到最佳水平。以下是一些重点考虑的设计要素：

1. **外观和造型**：手机的外观和造型在吸引用户和产生第一印象方面非常重要。这包括手机的尺寸、形状、颜色、材质和整体设计风格。

2. **屏幕设计**：手机屏幕的大小、分辨率、屏占比、屏幕技术（例如OLED或AMOLED）以及边框设计都对用户体验和外观产生影响。

3. **用户界面**：手机的用户界面设计应该直观、易用，提供个性化设置选项，并考虑到不同用户群体的需求。

4. **摄像头系统**：摄像头是手机的关键卖点之一，因此摄像头系统的设计要素包括摄像头数量、性能、镜头质量和软件处理功能。

5. **性能和硬件**：手机的性能是关键，包括处理器、内存、存储容量和电池寿命。设计要考虑如何在不牺牲性能的情况下实现紧凑的外观。

6. **电池管理**：优化电池寿命和充电速度是重要的设计要素，以确保手机能够持久使用。

7. **无线连接**：设计要考虑无线通信技术，包括蜂窝网络、Wi-Fi、蓝牙和NFC，以满足用户的通信和连接需求。

8. **耐用性和防水性**：手机应该具备一定的耐用性，以抵御日常使用中的摔落和划痕。防水和防尘功能也可以增加产品的吸引力。

9. **安全性和隐私**：手机的设计需要考虑用户数据的安全性和隐私保护。生物识别技术和安全软件功能是其中的一部分。

10. **可维修性**：可维修性是可持续性的一部分，手机的设计要素应该包括易于维修和升级的组件。

11. **生态友好**：设计要考虑材料选择、包装、再循环和环保政策，以减少对环境的影响。

12. **人机工程学**：手机的物理按钮、触摸屏、音频输出和输入等元素的位置和设计应符合人机工程学原则，以提供舒适的用户体验。

13. **品牌标识和品牌一致性**：手机的设计要考虑品牌标识和一致性，以确保产品与品牌形象相符。

这些设计要素都需要在手机设计过程中平衡和权衡，以满足市场需求和用户期望，同时确保产品具有吸引力、功能强大、易用且可持续。

图2.26　ChatGPT生成相应的回复

2.4.3　练习实例：提供示例参考

 扫码看视频

用户在对ChatGPT进行提问时，可以提供一个具体的示例让其参考，等ChatGPT识别之后便可以生成更为满意的答案，具体操作步骤如下。

`步骤 01` 在 ChatGPT 的输入框中输入提示词，如"旅行摄影类短视频的标题通常是文艺且富有诗意的，如'旅途之梦：镜头下的世界漫游'，请提供 10 个类似的标题"，如图 2.27 所示。

旅行摄影类短视频的标题通常是文艺且富有诗意的，如'旅途之梦：镜头下的世界漫游'，请提供10个类似的标题 ◄—— 输入

ChatGPT can make mistakes. Verify important information.

图2.27　在输入框中输入提示词

步骤 02 按 Enter 键发送，ChatGPT 会生成相应的回复，如图 2.28 所示。

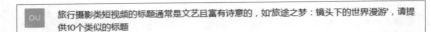

OU 旅行摄影类短视频的标题通常是文艺且富有诗意的，如旅途之梦：镜头下的世界漫游，请提供 10 个类似的标题

当涉及到旅行摄影类短视频的标题时，文艺和富有诗意的表达方式可以增强视频的吸引力。以下是 10 个类似的标题：

1. "光影彷徨：旅行的旋律"
2. "画中游：探索大自然的奇迹"
3. "时间的记忆：镜头下的世界之美"
4. "城市之前：现代生活的诗意画面"
5. "远方之情：摄影之梦的征程"
6. "路上的风景：摄影情怀的岁月"
7. "梦幻瞬间：生活之魔法的美妙之旅"
8. "自然之景：山水画中的探险"
9. "星空之旅：宇宙的摄影仙境"
10. "文化之路：历史遗产的摄影之旅"

这些标题旨在传达旅行摄影的美感和情感，希望能为您的短视频带来更多吸引力。

图 2.28 ChatGPT 生成相应的回复

扫码看视频

2.4.4 练习实例：设置约束性条件

当用户需要生成一些有固定模板、风格、框架等形式的文案时，可以通过设置约束性条件的方式向 ChatGPT 提问，从而获得更加精准的内容，具体操作步骤如下。

步骤 01 在 ChatGPT 的输入框中输入"帮我写一份'秋冬上班时间调整通知'，要求 300 字左右，包括通知的标题、调整原因和上下班时间等信息"，如图 2.29 所示。

帮我写一份"秋冬上班时间调整通知"，要求 300 字左右，包括通知的标题、调整原因和上下班时间等信息 ← 输入

ChatGPT can make mistakes. Verify important information.

图 2.29 在输入框中输入提示词

步骤 02 按 Enter 键发送，ChatGPT 会按照提示词中的条件完成通知的撰写，如图 2.30 所示。

▶ 温馨提示

ChatGPT 回复的可能是模板性的内容，在将回复内容应用到生活和工作中时，用户可能需要根据实际情况进行一些调整。例如，在借助 ChatGPT 撰写通知时，可能需要加上公司名称和通知的发布日期等信息。

> **OU** 帮我写一份"秋冬上班时间调整通知"，要求300字左右，包括通知的标题、调整原因和上下班时间等信息

> **通知标题：秋冬上班时间调整通知**
>
> 尊敬的员工，
>
> 鉴于秋冬季节的来临，为了更好地满足员工的工作需求以及提高工作效率，公司决定对上班时间进行适度的调整。以下是关于上下班时间的具体安排：
>
> **调整原因：**
>
> 1. **充分利用日光**：随着秋冬季节的来临，白天的光照时间相对较短。为了让员工在白天更多地受益于自然光线，我们决定将上班时间稍作调整。
> 2. **提高生产效率**：研究表明，在早上时刻，大多数人更为清醒和专注。因此，将上班时间提前能够提高员工的工作效率和生产力。
>
> **新的上下班时间安排：**
>
> - **上班时间**：早上 8:30 AM
> - **午休时间**：中午 12:00 PM - 1:00 PM
> - **下班时间**：下午 5:30 PM
>
> 这一调整将从本周一（具体日期）开始生效，直至进一步通知。我们希望这一变化能够带来更好的工作体验和更高的生产效率，同时也更好地满足员工的工作和生活平衡需求。
>
> 请您将这一变化告知您的团队成员，并做好相应的调整，以确保顺利过渡。如果您有任何关于这一调整的疑问或反馈，请随时与您的主管或人力资源部门联系。
>
> 感谢您对公司的支持与理解。我们期待着与您一同度过这个秋冬季节，创造更多的成功与成就。
>
> 祝好！
>
> （您的公司名称）
>
> （日期）

图2.30　ChatGPT按照提示词中的条件完成通知的撰写

2.4.5　练习实例：指定表格列举答案

扫码
看视频

　　用户在与ChatGPT对话时，可以要求其以表格的形式给出回复，对于要点提炼、数据分析和短视频脚本创作等工作有很大的帮助，具体操作步骤如下。

步骤 01 在ChatGPT的输入框中输入"请用表格的形式列举制作短视频的步骤"，如图2.31所示。

请用表格的形式列举制作短视频的步骤　←　输入

ChatGPT can make mistakes. Verify important information.

图2.31　在输入框中输入提示词

43

步骤 02 按 Enter 键发送，ChatGPT 就会生成一个相应的表格，如图 2.32 所示。

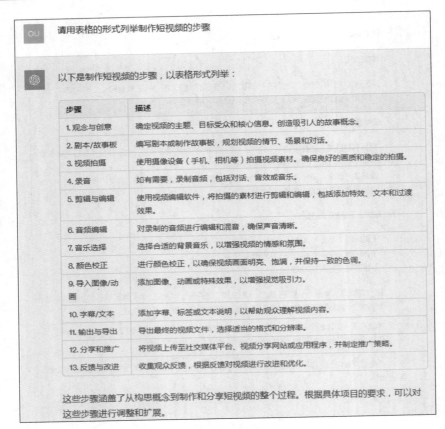

图 2.32　ChatGPT生成相应的表格

扫码
看视频

2.4.6　练习实例：鼓励式引导回复

鼓励式引导回复是指用户在向 ChatGPT 提问时，采用鼓励 ChatGPT 给出更加详细、完整、创意看法的提问方式。这类提问方式适用于开放性的问题，可以用"让我们思考一下……""让我们讨论一下……""还有什么其他的想法吗"等句式来提问。下面将举例介绍鼓励式引导回复的具体操作步骤。

步骤 01 在 ChatGPT 的输入框中输入提示词，如"让我们思考一下：关于中秋节可以策划哪些有创意的短视频"，如图 2.33 所示。

图 2.33　在输入框中输入提示词

步骤 02 按 Enter 键发送，ChatGPT 生成的策划短视频的建议如图 2.34 所示。

OU　让我们思考一下：关于中秋节可以策划哪些有创意的短视频

关于中秋节，可以策划一些有创意的短视频，以吸引观众并传达节日祝福。以下是一些创意的短视频主题和创意点子：

1. **DIY中秋美食教程**：制作中秋传统美食，如月饼或粽子的制作教程。展示制作过程，分享食谱，激发人们的食欲。
2. **家庭团聚**：呈现家庭团聚的温馨场面，捕捉亲情时刻，以及中秋晚餐的准备和分享。
3. **传统文化展示**：介绍中秋节的传统文化，如赏月、故事背后的寓意和传统习俗。可以通过动画或讲故事的方式呈现。
4. **中秋节手工制作**：展示手工艺品的制作，如灯笼、兔子等，以及如何将手工制品应用于庆祝。
5. **舞蹈或表演**：制作中秋节舞蹈或文化表演的视频，展示中国传统舞蹈、音乐或戏曲。
6. **中秋美景**：捕捉中秋时节的美丽景色，如明亮的秋夜、赏月、灯笼和璀璨的烟花。
7. **童趣短片**：通过儿童视角，展示中秋节的趣味和欢乐。可以制作一段童话故事或卡通短片。
8. **中秋节祝福**：制作富有创意的中秋节祝福短片，包括短诗、动画或亲情小品剧。
9. **变装挑战**：挑战参与者变装成中秋节主题的角色，如兔子、嫦娥或月饼，展示创意和幽默。
10. **VR/互动体验**：为观众制作中秋节的虚拟现实（VR）或互动体验，让他们亲身感受传统文化和庆祝活动。

图2.34　ChatGPT生成的策划短视频的建议

步骤 03 在同一个聊天窗口中继续输入提示词"这些建议给了我一些新思路，还有什么其他的想法吗"，按 Enter 键发送，ChatGPT 会生成更多的短视频策划建议，如图 2.35 所示。

OU　这些建议给了我一些新思路，还有什么其他的想法吗

当策划有创意的中秋节短视频时，还有一些其他想法可以考虑：

1. **中秋美妆教程**：制作中秋节化妆教程，以传统文化元素为灵感，如兔子、月亮等，激发时尚创意。
2. **VR赏月之旅**：创建虚拟现实（VR）赏月之旅，让观众在虚拟环境中欣赏中秋明亮的月亮。
3. **中秋音乐会**：制作中秋音乐会视频，呈现传统或现代音乐表演，以中秋为主题。
4. **寻找中秋宝藏**：制作寻宝冒险视频，带领观众寻找隐藏在中秋节日庆祝活动中的宝藏。
5. **星座解读**：探讨中秋夜空中的星座，提供有关星座的趣味知识和故事。
6. **中秋节目影视剧短片**：创作中秋节相关的小型戏剧短片，以传达情感和传统价值观。
7. **中秋礼品推荐**：展示中秋节礼品、礼物和DIY礼物的推荐，以帮助观众选择和准备礼物。
8. **传统手工制作挑战**：挑战参与者制作传统中秋手工艺品，如剪纸、灯笼或绘画。
9. **中秋节烹饪秀**：制作中秋美食制作秀，展示如何制作传统或现代的中秋佳肴。
10. **明月观察活动**：组织明月观察活动，与观众分享观赏明亮月亮的经验和技巧。

这些想法可以根据您的创作能力和受众需求进行个性化定制。无论您选择哪个创意方向，都可以通过创造性的方式庆祝和分享中秋节的美好。

图2.35　ChatGPT生成更多的短视频策划建议

2.4.7　练习实例：引入不同的视角

用户通过在不同的段落或章节中使用不同的视角，可以引入不同的人物、观点或经历，从而丰富文章的厚度。将这个思路运用到编写提示词中，可以让 ChatGPT 完成创作任务。下面将介绍引入不同视角的具体操作步骤。

步骤 01　在 ChatGPT 的输入框中输入提示词，如"请以第一人称的视角写一个悬疑故事"，如图 2.36 所示。

图 2.36　在输入框中输入提示词

步骤 02　按 Enter 键发送，ChatGPT 会生成特定视角的悬疑故事，如图 2.37 所示。

> OU　请以第一人称的视角写一个悬疑故事

> 我在一个寂静的夜晚醒来，寝室里只有微弱的月光穿过窗帘。我的心跳声仿佛在静夜中回荡。我想起了一个奇怪的梦，一个让我感到不安的梦。
>
> 梦里，我走进了一个陌生的城市，街道上荒无人烟。建筑物笼罩在厚重的雾气中，散发出诡异的氛围。我感到自己被引导着前进，但我不知道目的地。在梦中，我找到了一张古老的地图，上面标有一个奇怪的标志，看起来像是一个扭曲的面孔。
>
> 我突然发现，我的手机响了，我接听电话，只听到一个低沉的声音，它说："跟着地图，找到扭曲之地。"随后电话断开了。
>
> 我醒来后，心跳依然快速，汗水浸透了我的床单。我把这个奇怪的梦当作了一个恶梦，但我不能摆脱那个扭曲的地图和低沉的声音。
>
> 在接下来的几天里，我一直思考着那个梦。是巧合吗？还是有人在背后操控着我？我决定调查一下，查找与梦中地图标志相关的信息。
>
> 我在图书馆、互联网上搜索，但找不到任何关于那个标志的信息。这个标志似乎没有在任何历史或地理资料中出现过。我开始感到困惑和担忧。
>
> 一个月后，我再次做了同样的梦。在梦中，我按照地图的指示，找到了那个扭曲之地。那是一个被遗忘的地下洞穴，里面充满了古老的雕像和符号。我感到一股邪恶的气息环绕在我周围。
>
> 当我醒来时，我的手中拿着一块古老的护身符，上面刻有与梦中地图标志相似的符号。我不知道它的来历，但它让我感到毛骨悚然。
>
> 悬疑的线索和恶梦不断困扰着我。我决定深入调查这一切，找出背后的真相。但我不知道，这个调查将引导我走向何方，揭开怪异事件的谜团。

图 2.37　ChatGPT 生成特定视角的悬疑故事

2.4.8　练习实例：给ChatGPT提供种子词

种子词是指生成文章中需要包含的字词。在提示词中加入种子词，可以帮助 ChatGPT模型更快地提取到恰当的文本数据，从而生成更为有效的答案。下面将介绍提供种子词的具体操作步骤。

步骤 01 在 ChatGPT 的输入框中输入提示词，如"请根据以下种子词生成软文：水手、远航、大海，字数在 400 字左右"，如图 2.38 所示。

请根据以下种子词生成软文：水手、远航、大海，字数在400字左右 ◀── 输入　▶

ChatGPT can make mistakes. Verify important information.

图2.38　在输入框中输入提示词

步骤 02 按 Enter 键发送，ChatGPT 会生成含有种子词的软文，如图 2.39 所示。

OU　请根据以下种子词生成软文：水手、远航、大海，字数在400字左右

水手，是那些拥有一颗无尽探索之心的人。他们的生活承载着海洋的传奇，他们的远航之旅，是一曲浪漫而激情的大海之歌。

大海，是无尽的自由，是勇者的挑战，是梦想的舞台。每当水手们扬起风帆，驶向远方，他们进入了另一个世界，一个充满未知和神秘的领域。大海犹如一个打开的画册，一页页记录着水手们的冒险和发现。

远航，是水手们的精神命脉。每当他们驾驶着巨大的帆船，穿越茫茫大海，他们就像是现实中的探险家，冒险家，还有梦想家。远航，让他们逐渐领悟到生命的真谛，懂得了珍惜每一个瞬间。

水手的生活，虽然充满了风险，但也充满了机遇。他们在大海上遇到风暴，克服寂寞，品味孤独，但也领略了大海的美丽，感受到了与自然融为一体的快感。他们的眼中，大海不仅仅是一片蓝色，更是一座无垠的宝藏之地。

水手的故事充满了传奇色彩，每一个远航都是一个新的起点，一个新的机会。他们的生命被大海渲染，他们的精神被风浪磨练，他们的内心充满了无限的勇气和决心。

所以，当你站在海滨，看着远方的海平线，想起那些水手们，你会明白，大海的召唤，是一种永恒的力量，一个决不磨灭的梦想。水手们，他们是大海的儿子，也是梦想的传承者。愿他们的远航之路，永不止息，愿他们的故事，永远流传。

图2.39　ChatGPT生成含有种子词的软文

2.5　综合实例：让ChatGPT提供运营降本提效方案

运营降本提效是企业管理和经济学领域的一个术语，是指通过改进运营流程、减少成本、提高效率来实现更高盈利和更好绩效的战略方法。在企业运营的过程中，很多人

可能找不到降本提效的方法，对此，用户不妨让ChatGPT充当企业管理顾问并提供一些方案，具体操作步骤如下。

步骤 01 在 ChatGPT 的输入框中输入提示词，如"你是一名经验丰富的企业管理顾问，请你为企业降本提效提供一些实用的方案"，如图 2.40 所示，让 ChatGPT 充当企业管理顾问的角色。

图 2.40 在输入框中输入提示词

步骤 02 按 Enter 键发送，ChatGPT 会站在企业管理顾问的角度生成企业运营降本提效的实用方案，如图 2.41 所示。

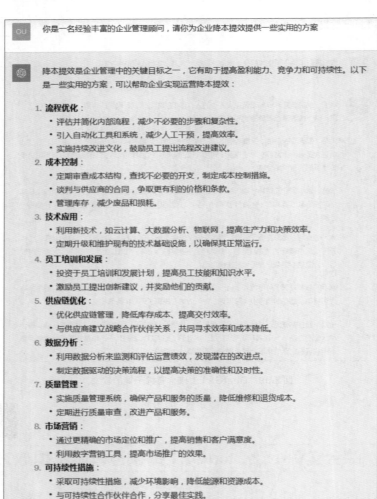

图 2.41 ChatGPT生成企业运营降本提效的实用方案

步骤 03 在同一个聊天窗口中继续输入提示词“这些方案给了我一些新思路，还有什么其他的想法吗”，并按Enter键发送，可以借助鼓励式引导获得更多的实用方案，如图2.42所示。

OU 这些方案给了我一些新思路，还有什么其他的想法吗

当考虑进一步提高运营降本提效时，以下想法可能有助于企业取得更多的进展：

1. **风险管理**：建立有效的风险管理体系，以减少未来的不确定性和损失。对关键风险进行评估，并制定应对计划。
2. **外包和合作伙伴关系**：考虑外包非核心业务功能，以降低成本和提高专业化水平。与合作伙伴建立战略伙伴关系，共同开发新产品或服务。
3. **员工激励**：建立有效的员工激励计划，以激发员工的积极性和创造力。奖励绩效杰出的员工，提高员工满意度。
4. **市场调查和客户反馈**：进行市场调查，了解客户需求和市场趋势。倾听客户反馈，以改进产品和服务。
5. **节能和可再生能源**：寻找节能机会，投资于可再生能源，减少能源成本，同时降低环境影响。
6. **数字化转型**：加速数字化转型，实施电子商务、在线销售和自动化流程，提高客户体验和效率。
7. **多元化收入来源**：探索多元化的收入来源，开发新产品线或拓展到相关领域，降低市场风险。
8. **供应链透明度**：提高供应链透明度，减少风险，确保供应链的可持续性。
9. **绩效指标和KPI**：建立有效的绩效指标和关键绩效指标（KPI），以监测和衡量运营降本提效的成果。
10. **创新资金**：创立一个专门的创新基金，以资助新创意和改进项目，鼓励员工参与。
11. **战略规划**：制定长期战略规划，以确保运营降本提效的持续性，并在未来维持竞争力。

图2.42 借助鼓励式引导获得更多的实用方案

本章小结

本章主要从ChatGPT提示词的挖掘方法、提示词的实用指令、通过提问的形式编写ChatGPT的提示词和优化ChatGPT提示词的方法这4个方面展开，并配备了相关的综合实例。希望读者在学完本章的内容之后，能够真正学会如何编写和优化ChatGPT的提示词。

课后习题

1. 让ChatGPT用表格的形式列举撰写公众号文章的5个步骤，效果如图2.43所示。

图 2.43　ChatGPT 用表格的形式列举撰写公众号文章的 5 个步骤

2. 让 ChatGPT 模仿李白的风格，编写一首 40 字以内的诗，效果如图 2.44 所示。

> OU　模仿李白的风格，写一首 40 字以内的诗
>
> 李白风格短诗：
>
> 半夜孤舟泛碧波，
> 孤灯照尽江边草。
> 月明星稀夜寂寥，
> 思君不语泪满巢。

图 2.44　ChatGPT 模仿李白的风格生成的诗

ChatGPT文案创作提示词模板　　　第 **3** 章

文案是一种用于广告、宣传、市场营销、文学作品和网站内容等各种媒体中的文字创作，其目的是吸引受众，传递信息、情感或观点。文案写作并不是一件轻松的事情，用户常常会遇到没有灵感的情况，而运用 ChatGPT 提示词模板可以帮助用户打开思路，快速完成文案创作。

📢 本章重点

- 创意写作类提示词模板
- 功能写作类提示词模板
- 营销文案类提示词模板
- 综合实例：用 ChatGPT 创作小红书"种草"文案

3.1 创意写作类提示词模板

创意写作是一种以创造性和想象力为核心的文学表达形式，它不仅追求传达信息或故事情节，还强调艺术性、表现性和独特性。创意写作的目标是产生新颖、富有创造力的文本，触发情感共鸣、激发思考或指导相关行动。借助提示词模板，用户可以快速地在ChatGPT中生成创意写作类文案，本节将具体介绍。

3.1.1 练习实例：标题的创作模板

扫码
看视频

标题向来是编写文案不可或缺的元素，一个好的标题可以点明文案的主旨，快速吸引读者的兴趣，从而为文案带来更好的曝光和流量。通常来说，用户只需使用"请围绕××创作××个标题，要求：××"这个提示词模板，便可借助ChatGPT进行标题的创作，具体操作步骤如下。

步骤 01 在 ChatGPT 的输入框中输入提示词，如"请围绕手机摄影创作 10 个标题，要求：有吸引力、字数在 20 字以内"，如图 3.1 所示。

请围绕手机摄影创作10个标题，要求：有吸引力、字数在20字以内 ←—— 输入

ChatGPT can make mistakes. Consider checking important information.

图3.1 在输入框中输入提示词

步骤 02 按 Enter 键发送，ChatGPT 会根据要求创作 10 个标题，如图 3.2 所示。

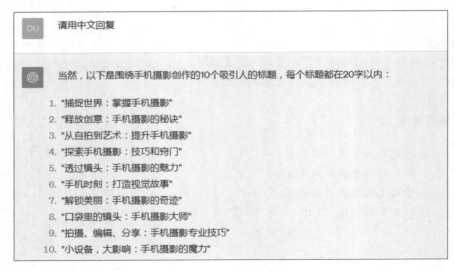

OU　请用中文回复

当然，以下是围绕手机摄影创作的10个吸引人的标题，每个标题都在20字以内：

1. "捕捉世界：掌握手机摄影"
2. "释放创意：手机摄影的秘诀"
3. "从自拍到艺术：提升手机摄影"
4. "探索手机摄影：技巧和窍门"
5. "透过镜头：手机摄影的魅力"
6. "手机时刻：打造视觉故事"
7. "解锁美丽：手机摄影的奇迹"
8. "口袋里的镜头：手机摄影大师"
9. "拍摄、编辑、分享：手机摄影专业技巧"
10. "小设备，大影响：手机摄影的魔力"

图3.2 ChatGPT 根据要求创作的标题

3.1.2　练习实例：诗词的创作模板

　　诗词创作是一种文学创作形式，它专注于用精练、富有节奏感的语言来表达情感、思想、景象和想法。诗词通常具有一种独特的韵律和韵脚，经常使用隐喻、比喻和象征等修辞手法，以传达深层次的意义和情感。通常来说，用户只需使用"请以××为主题创作一首诗/词，要求：××"这个提示词模板，便可借助 ChatGPT 进行诗/词的创作，具体操作步骤如下。

步骤 01　在 ChatGPT 的输入框中输入提示词，如"请以丰收为主题创作一首诗，要求：展示出丰收的场景、字数在 100 字以内"，如图 3.3 所示。

图3.3　在输入框中输入提示词

步骤 02　按 Enter 键发送，ChatGPT 会根据要求创作一首诗，如图 3.4 所示。

图3.4　ChatGPT 根据要求创作的一首诗

3.1.3　练习实例：剧本的创作模板

　　剧本创作是指编写戏剧、电影、电视节目或其他舞台表演的文本。剧本创作是戏剧和影视制作的起点，它涉及创作者将故事、情节、角色和对话以书面形式呈现，以供导演、演员和制作人参考和执行。通常来说，用户只需使用"请创作一个剧本，讲述××，要求：××"这个提示词模板，便可借助 ChatGPT 进行剧本的创作，具体操作步骤如下。

步骤 01　在 ChatGPT 的输入框中输入提示词，如"请创作一个剧本，讲述一对男女克服重重阻碍最终走到一起的故事，要求：情节跌宕起伏、字数在 500 字左右"，如图 3.5 所示。

请创作一个剧本，讲述一对男女克服重重阻碍最终走到一起的故事，要求：情节跌宕起伏、字数在500字左右

ChatGPT can make mistakes. Consider checking important information.

图3.5　在输入框中输入提示词

步骤 02 按 Enter 键发送，ChatGPT 会根据要求创作一个剧本，如图 3.6 所示。

OU　请创作一个剧本，讲述一对男女克服重重阻碍最终走到一起的故事，要求：情节跌宕起伏、字数在500字左右

剧本：《坚强的爱》

场景1：公园，夕阳西下，鸟鸣和微风声。

（莉莉在公园长椅上沉思，托马斯走近）

托马斯：（礼貌地）嗨，你好。你一个人在这里吗？

莉莉：是的，我来这里散步，需要一些安静的时光。

（两人开始聊天，发现有许多共同点）

场景2：餐厅，托马斯和莉莉共进晚餐。

（两人渐渐陷入爱河，度过快乐时光）

场景3：莉莉家，莉莉向托马斯坦白她患有严重的心脏病。

莉莉：（泪流满面）托马斯，我必须告诉你，我有严重的心脏病，医生说我只有一年寿命。

托马斯：（愣住了）这不可能，我们可以找最好的医生，做手术。

莉莉：我已经尝试过了，没有希望了。我只想度过余下的时间，快乐地生活。

场景4：医院走廊，莉莉因病情恶化住院。

（托马斯守在莉莉床前，他们之间的爱变得更加坚强）

场景5：家庭聚会，托马斯向莉莉求婚。

托马斯：（下跪）莉莉，我愿意陪伴你，无论生死。

莉莉：（激动）是的，是的，我愿意嫁给你。

场景6：莉莉的葬礼，托马斯站在墓前。

（托马斯的眼泪流下，但他知道他们的爱会永远存在）

场景7：故事结束，托马斯在公园的长椅上，回忆起和莉莉的点点滴滴。

（托马斯看着夕阳，莉莉的精神在风中飘荡）

剧本《坚强的爱》讲述了一对男女的爱情故事，尽管面临重重阻碍，但他们的坚强和爱意让他们的关系变得更加特殊和珍贵。这个故事展示了爱的力量，即使面对绝望，也能够创造出美丽的时刻。

图3.6　ChatGPT 根据要求创作的一个剧本

3.1.4 练习实例：直播脚本的创作模板

直播脚本是用于引导和组织直播内容的书面指南。它用于规划和安排在线直播平台上进行的实时视频直播。直播脚本有助于确保直播内容有组织、直播过程流畅，并能够吸引观众的注意力。通常来说，用户只需使用"请以××为主题创作一个直播脚本，要求：××"这个提示词模板，便可借助 ChatGPT 进行直播脚本的创作，具体操作步骤如下。

步骤 01 在 ChatGPT 的输入框中输入提示词，如"请以电商年货节为主题创作一个直播脚本，要求：展示具体的流程安排和优惠信息"，如图 3.7 所示。

图 3.7 在输入框中输入提示词

步骤 02 按 Enter 键发送，ChatGPT 会根据要求创作一个直播脚本，如图 3.8 所示。

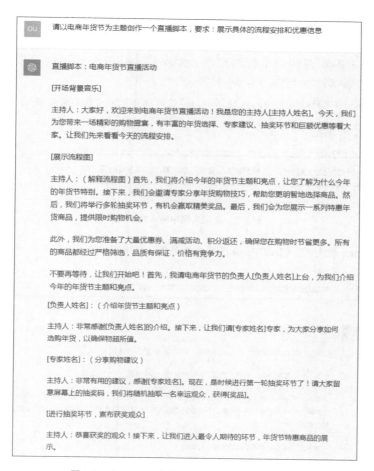

图 3.8 ChatGPT 根据要求创作的一个直播脚本

[展示特惠商品，介绍优惠信息和购买方式]

主持人：这些特惠商品真的太诱人了！不要错过这个机会，购物前别忘了使用我们的优惠券和满减码，省更多钱！

如果您有任何问题或需要咨询，请随时在屏幕下方的留言框中提问，我们的工作人员会竭诚为您解答。

[回答观众提问]

主持人：非常感谢大家的提问。年货节直播活动还会继续，我们还有更多抽奖环节和惊喜等着大家，敬请期待！

最后，再次感谢大家的参与，祝愿您在这个电商年货节找到心仪的商品，享受购物的乐趣。希望明年再见！

[结束背景音乐，谢幕]

图 3.8 （续）

3.1.5 练习实例：视频脚本的创作模板

扫码
看视频

　　视频脚本是用于规划、组织和编写视频内容的书面指南。它包括了影片或视频的整体结构，如场景、对白、动作描述、摄像机角度和音频元素等。通常来说，用户只需使用"请以××为主题创作一个视频脚本，要求：××"这个提示词模板，便可借助 ChatGPT 进行视频脚本的创作，具体操作步骤如下。

步骤 01　在 ChatGPT 的输入框中输入提示词，如"请以弘扬传统文化为主题创作一个视频脚本，要求：展示具体的场景和对白"，如图 3.9 所示。

图 3.9　在输入框中输入提示词

步骤 02　按 Enter 键发送，ChatGPT 会根据要求创作一个视频脚本，如图 3.10 所示。

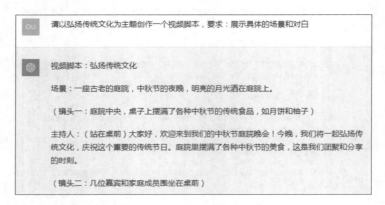

图 3.10　ChatGPT 根据要求创作的一个视频脚本

嘉宾1：中秋节是我们华人最重要的传统节日之一。它象征着团圆和家庭的重要性。

嘉宾2：是的，中秋节也是弘扬传统文化的时机。在这一天，我们传承古老的传统，如赏月、吃月饼、赠送柚子等。

（镜头三：庭院中央的月亮造型灯笼）

主持人：而这些美丽的月亮灯笼也是中秋节的传统之一，它们象征着家庭的和睦和幸福。

（镜头四：庭院的一角，孩子们在玩传统的中秋节游戏）

主持人：在这个特别的晚上，孩子们也在庭院里玩传统的游戏，如击鼓传花、猜灯谜等，这是我们传统文化的一部分，也是中秋节庆祝活动的一部分。

（镜头五：桌上的月饼和柚子，家庭成员一起品尝）

主持人：最后，让我们一起品尝传统的中秋节食品，月饼和柚子。这些美味的食物象征着团聚和幸福。

嘉宾3：中秋节是一个重要的传统节日，我们要努力传承和弘扬我们的文化，让下一代也能体验到这份浓厚的文化传统。

主持人：非常正确，让我们一起珍惜这个特殊的时刻，弘扬传统文化，传递团圆的情感。

（镜头六：庭院中的家庭成员手拉手，一起赏月）

主持人：在明亮的中秋圆月下，让我们手拉手，一起赏月，祝愿大家中秋快乐！

（视频以家庭成员手拉手赏月的画面结束，背景音乐渐渐淡出）

主持人（配音）：愿我们的传统文化在中秋节这一特殊时刻继续绽放光彩，团聚和幸福永远伴随着我们。

（屏幕上出现文字：弘扬传统文化，中秋快乐）

视频结束。

图 3.10 （续）

3.2　功能写作类提示词模板

　　功能写作是一种以实现特定目标或传达特定信息为目的的书面文体。这种写作形式的主要目标是清晰、简洁地传达信息，以满足特定的需求或目标。功能写作通常不强调文学性或创意，而是侧重于有效沟通。本节将介绍使用提示词模板创作功能写作类文案的方法。

3.2.1 练习实例：演讲稿的创作模板

演讲是在公众场合中表达观点、传达信息的有效途径。好的演讲可以使听众大受鼓舞，并留下深刻的印象。在ChatGPT中使用提示词模板便可以帮助用户快速创作一篇演讲稿。通常来说，用户只需使用"请以××的角度创作一篇发言稿，要求：××"这个提示词模板，便可借助ChatGPT进行演讲稿的创作，具体操作步骤如下。

步骤 01 在 ChatGPT 的输入框中输入提示词，如"请从高中毕业生的角度写一篇演讲稿，要求：内容振奋人心"，如图 3.11 所示。

图 3.11　在输入框中输入提示词

步骤 02 按 Enter 键发送，ChatGPT 会根据要求创作一篇演讲稿，如图 3.12 所示。

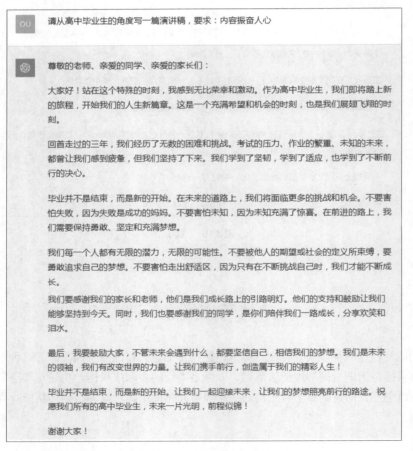

图 3.12　ChatGPT 根据要求创作的一篇演讲稿

3.2.2 练习实例：发言稿的创作模板

扫码
看视频

发言稿是一种书面文本，通常由发言者准备，用于在公共场合或特定活动中表达个人的意见。发言稿旨在帮助发言者能够清晰、有条理地表达自己的观点、主题或信息，以满足特定的目的和受众需求。通常来说，用户只需使用"我是×××，我需要就×××进行发言，请为我提供一篇发言稿"这个提示词模板，便可借助 ChatGPT 进行发言稿的创作，具体操作步骤如下。

步骤 01 在 ChatGPT 的输入框中输入提示词，如"我是一名果农，我需要就橙子树的种植进行发言，请为我提供一篇发言稿"，如图 3.13 所示。

图 3.13 在输入框中输入提示词

步骤 02 按 Enter 键发送，ChatGPT 会根据要求创作一篇发言稿，如图 3.14 所示。

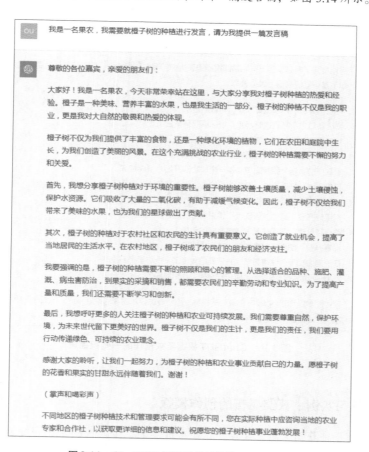

图 3.14 ChatGPT 根据要求创作的一篇发言稿

扫码
看视频

3.2.3　练习实例：祝福语的创作模板

祝福语是一种表达祝福、好意、幸福和良好愿望的短语、句子或文字。它们通常用于各种场合，如生日、婚礼、节日和庆典等，以向他人传达祝愿和关心。通常来说，用户只需使用"我想××（要达到的目的），请为我提供一些祝福语"这个提示词模板，便可借助 ChatGPT 进行祝福语的创作，具体操作步骤如下。

步骤 01　在 ChatGPT 的输入框中输入提示词，如"我想对朋友开了新店表示祝贺，请为我提供一些祝福语"，如图 3.15 所示。

ChatGPT can make mistakes. Consider checking important information.

图 3.15　在输入框中输入提示词

步骤 02　按 Enter 键发送，ChatGPT 会根据要求创作一些祝福语，如图 3.16 所示。

> OU　我想对朋友开了新店表示祝贺，请为我提供一些祝福语
>
> 当朋友开了新店，用一些温馨的祝福语表达你的喜悦和祝福会让他们感到格外温暖和开心。以下是一些祝福语，供你选择：
>
> 1. 祝贺你开店，希望生意兴隆，财源广进！
> 2. 新店新气象，新机遇新起点，祝你事业蒸蒸日上！
> 3. 恭喜你实现了梦想，愿新店蒸蒸日上，客似云来！
> 4. 开店如开心，新生意如新希望，祝你百事顺心！
> 5. 看到你的新店，我就知道这是一个成功的开始，继续加油！
> 6. 新店开张，好事连连，愿你生意红火，步步高升！
> 7. 新店开张大吉，生意兴隆，万事如意！
> 8. 祝贺你开业，愿你的店铺吸引越来越多的顾客，生意兴隆！
> 9. 新店新希望，愿你在这里开创美好的未来！
> 10. 恭喜开业，愿你的新店成为大家心中的首选！
> 11. 你的努力和勇气值得赞扬，开店真的太棒了，祝你蒸蒸日上！
> 12. 祝愿你的新店充满欢笑、成功和幸福，一帆风顺！
>
> 不论选择哪一句，都是发自真心的祝福，能够传达你对朋友的美好期许。希望你的朋友在新店开张时感到满满的温情和祝福！

图 3.16　ChatGPT 根据要求创作的一些祝福语

3.2.4　练习实例：获奖感言的创作模板

扫码
看视频

获奖感言是在获得荣誉、奖项、认可或成就时，个人或团队代表发表的一种感言。这种感言通常用于表达获奖者的感激之情，同时也可以表达对未来的期望和承诺。通常

来说，用户只需使用"我获得了××奖，请为我准备一篇获奖感言"这个提示词模板，便可借助 ChatGPT 进行获奖感言的创作，具体操作步骤如下。

步骤 01 在 ChatGPT 的输入框中输入提示词，如"我获得了优秀员工奖，请为我准备一篇获奖感言"，如图 3.17 所示。

> 我获得了优秀员工奖，请为我准备一篇获奖感言 ← 输入　　　　　▶
>
> ChatGPT can make mistakes. Consider checking important information.

图 3.17　在输入框中输入提示词

步骤 02 按 Enter 键发送，ChatGPT 会根据要求创作一篇获奖感言，如图 3.18 所示。

> OU　我获得了优秀员工奖，请为我准备一篇获奖感言
>
> 尊敬的领导、亲爱的同事们：
>
> 我非常荣幸和感激能够站在这里，接受优秀员工奖。这个奖项对我来说不仅仅是一份荣誉，更是对我的工作和努力的认可，是一种激励和鞭策，激发着我在工作中更加努力拼搏。
>
> 首先，我要感谢公司领导和同事们的信任和支持。在这里，我从各位领导和同事身上学到了很多，你们的指导和鼓励一直是我前进的动力。我也要感谢我的家人，是你们的理解和支持让我能够全身心地投入工作。
>
> 获得这个奖项是一个激励，同时也是一份责任。我深知这个奖项背后有更多的期望，期望我能够保持卓越的工作表现，继续不断进步。我承诺，我会继续为公司的发展和同事的成功做出更多的贡献。
>
> 成功不是一个人的事，是团队的力量。在这里，我要感谢我的同事们，是你们一直与我携手并肩，共同克服了工作中的困难，创造了良好的工作氛围。我们的团队精神和合作是我取得这个成绩的关键。
>
> 最后，我要呼吁大家一起努力，为公司的发展和我们的共同目标而努力。让我们一起激励和帮助彼此，让团队更加强大，创造更多的成功故事。
>
> 再次感谢公司领导和同事们的支持，谢谢大家！
>
> 谢谢。
>
> （掌声和喝彩声）

图 3.18　ChatGPT 根据要求创作的一篇获奖感言

扫码
看视频

3.2.5　练习实例：心得体会的创作模板

心得体会是对某种经历、活动、学习或事件的个人感受、认识、理解的总结和反思。它是一种个人的思考和观点，用以表达对经验或事件的体验、学到的教训以及对未来的

展望。通常来说，用户只需使用"请就××写一篇心得体会，要求：××"这个提示词模板，便可借助 ChatGPT 进行心得体会的创作，具体操作步骤如下。

步骤 01 在 ChatGPT 的输入框中输入提示词，如"请就大学军训写一篇心得体会，要求：内容积极向上"，如图 3.19 所示。

图 3.19　在输入框中输入提示词

步骤 02 按 Enter 键发送，ChatGPT 会根据要求创作一篇心得体会，如图 3.20 所示。

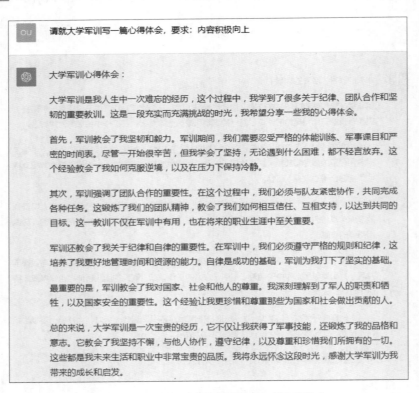

图 3.20　ChatGPT 根据要求创作的一篇心得体会

3.3　营销文案类提示词模板

营销文案是为了促进产品、服务、品牌或活动的销售和推广而编写的文本。这种文案的主要目标是吸引潜在客户的注意力、建立兴趣、激发需求，并最终引导他们采取购买或参与行动。营销文案通常用于广告、宣传资料、网站内容、社交媒体帖子、电子邮件营销等各种营销渠道中。本节将介绍使用提示词模板创作营销文案的方法。

3.3.1 练习实例：直播文案的创作模板

直播文案是为在线直播活动编写的文本，通常用于在直播中为观众提供信息、激发互动、宣传产品或服务以及推动销售等。直播文案需要具备一些特定的特征，以确保直播活动的成功。通常来说，用户只需使用"请以××为主题，创作一篇直播文案"这个提示词模板，便可借助ChatGPT进行直播文案的创作，具体操作步骤如下。

步骤 01 在ChatGPT的输入框中输入提示词，如"请以夏季服装推荐为主题，创作一篇抖音直播文案"，如图3.21所示。

图3.21 在输入框中输入提示词

步骤 02 按Enter键发送，ChatGPT会根据要求创作一篇直播文案，如图3.22所示。

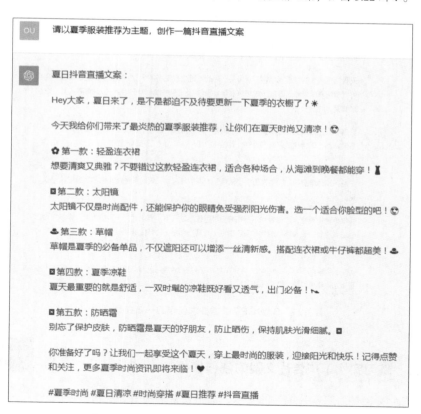

图3.22 ChatGPT根据要求创作的一篇直播文案

3.3.2 练习实例：视频文案的创作模板

　　视频文案是一种文字内容，通常附加在视频或动画中，用于传达信息、强调关键信息、提供背景信息或引导观众采取某种行动等。通常来说，用户只需使用"请以××为主题，创作一篇视频文案，要求：××"这个提示词模板，便可借助 ChatGPT 进行视频文案的创作，具体操作步骤如下。

　　步骤 01 在 ChatGPT 的输入框中输入提示词，如"请以无骨鸡爪的'种草'为主题，创作一篇视频文案，要求：带有文案标题、字数 300 字左右"，如图 3.23 所示。

图 3.23　在输入框中输入提示词

　　步骤 02 按 Enter 键发送，ChatGPT 会根据要求创作一篇视频文案，如图 3.24 所示。

> OU　请以无骨鸡爪的"种草"为主题，创作一篇视频文案，要求：带有文案标题、字数 300 字左右
>
> 文案标题：尝遍美食，无骨鸡爪独领风骚
>
> 大家好，今天我要和大家分享一个独特而美味的小吃，那就是无骨鸡爪！这是一道让人难以抗拒的美味，不仅有着口感鲜嫩，还充满了香辣的风味。
>
> 无骨鸡爪最大的特点就是它不含骨头，因此吃起来方便而干净，不需要费力地啃骨头，完全可以尽情享受美味。而且无骨鸡爪通常会经过特别的腌制和烹饪过程，以确保其入味，吃起来鲜美多汁。
>
> 这道小吃的香辣口味非常适合爱吃辣的人，辣味浓郁，但不至于过分辛辣，使你停不下来。不仅如此，无骨鸡爪还有着香气扑鼻的特色调味料，每一口都令人陶醉。
>
> 无骨鸡爪已经成为了一种流行的美食，无论是聚会、下午茶还是宵夜，都是绝佳的选择。无论是在家休闲品味，还是在街头小摊体验地道的味道，无骨鸡爪都能带给你满足的味蕾享受。
>
> 如果你还没有尝试过无骨鸡爪，我强烈推荐你品尝一下，相信我，一旦吃上瘾，你会成为它的忠实粉丝。无骨鸡爪的美味不容错过，赶紧行动吧，让你的味蕾感受一场不一样的美食之旅！
>
> #美食推荐 #无骨鸡爪 #小吃 #美食探索 #辣味美食 #美味无骨鸡爪 #食在好味道 #美味独领风骚 #无骨鸡爪探秘 #吃货必备

图 3.24　ChatGPT 根据要求创作的一篇视频文案

3.3.3 练习实例：广告片文案的创作模板

　　广告片文案是为广告片编写的文本，其主要目的是引导观众，激发兴趣，传达信息以及促进产品、服务或品牌的销售和推广。通常来说，用户只需使用"请为某款××（产

品名称）创作一篇广告片文案，要求：××"这个提示词模板，便可借助ChatGPT进行广告片文案的创作，具体操作步骤如下。

步骤 01 在ChatGPT的输入框中输入提示词，如"请为某款5G手机创作一篇广告片文案，要求：全面展示手机的功能"，如图3.25所示。

请为某款5G手机创作一篇广告片文案，要求：全面展示手机的功能 ←——输入

ChatGPT can make mistakes. Consider checking important information.

图3.25 在输入框中输入提示词

步骤 02 按 Enter 键发送，ChatGPT 会根据要求创作一篇广告片文案，如图3.26所示。

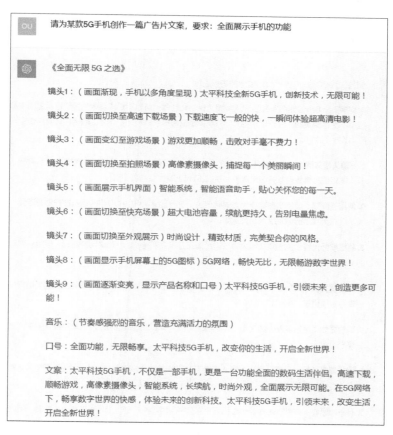

请为某款5G手机创作一篇广告片文案，要求：全面展示手机的功能

《全面无限 5G 之选》

镜头1：（画面渐现，手机以多角度呈现）太平科技全新5G手机，创新技术，无限可能！

镜头2：（画面切换至高速下载场景）下载速度飞一般的快，一瞬间体验超高清电影！

镜头3：（画面变幻至游戏场景）游戏更加顺畅，击败对手毫不费力！

镜头4：（画面切换至拍照场景）高像素摄像头，捕捉每一个美丽瞬间！

镜头5：（画面展示手机界面）智能系统，智能语音助手，贴心关怀您的每一天。

镜头6：（画面切换至快充场景）超大电池容量，续航更持久，告别电量焦虑。

镜头7：（画面切换至外观展示）时尚设计，精致材质，完美契合你的风格。

镜头8：（画面显示手机屏幕上的5G图标）5G网络，畅快无比，无限畅游数字世界！

镜头9：（画面逐渐变亮，显示产品名称和口号）太平科技5G手机，引领未来，创造更多可能！

音乐：（节奏感强烈的音乐，营造充满活力的氛围）

口号：全面功能，无限畅享。太平科技5G手机，改变你的生活，开启全新世界！

文案：太平科技5G手机，不仅是一部手机，更是一台功能全面的数码生活伴侣。高速下载，顺畅游戏，高像素摄像头，智能系统，长续航，时尚外观，全面展示无限可能。在5G网络下，畅享数字世界的快感，体验未来的创新科技。太平科技5G手机，引领未来，改变生活，开启全新世界！

图3.26 ChatGPT根据要求创作的一篇广告片文案

3.3.4 练习实例：自媒体文案的创作模板

扫码
看视频

　　自媒体文案是指自媒体平台上发布的文字内容，其主要目的是吸引读者或观众，促使他们阅读、观看、互动或与内容产生共鸣。通常来说，用户只需使用"请围绕××创作一篇自媒体文案，要求：××"这个提示词模板，便可借助 ChatGPT 进行自媒体文案的创作，具体操作步骤如下。

步骤 01 在 ChatGPT 的输入框中输入提示词，如"请围绕微距摄影创作一篇自媒体文案，要求：讲清楚拍摄的技巧"，如图 3.27 所示。

图 3.27 在输入框中输入提示词

步骤 02 按 Enter 键发送，ChatGPT 会根据要求创作一篇自媒体文案，如图 3.28 所示。

> OU　请围绕微距摄影创作一篇自媒体文案，要求：讲清楚拍摄的技巧

题目：探寻微观世界：微距摄影的奇妙之旅

微距摄影，是一扇通往微观世界的神奇之窗，它让我们可以近距离观察、发现日常生活中那些微不足道的美丽。今天，我将为你分享微距摄影的一些技巧，让你也能轻松探寻这个令人叹为观止的世界。

1. 好镜头是关键：选择一款质量出色的微距镜头或适配器，它能让你更容易捕捉微小的细节。微距摄影镜头通常有固定焦距，专门设计用于微小主题。

2. 使用三脚架：微距摄影需要极大的稳定性，使用三脚架可以确保你的相机在拍摄时不晃动。这对于清晰的微距照片至关重要。

3. 熟练掌握光线：微距照片的成功在很大程度上取决于光线。尽量使用自然光，但避免强烈的阳光。使用反射板或柔光箱来控制光线的方向和亮度。

4. 深度优先自动对焦：微距拍摄时，使用深度优先自动对焦模式有助于确保主题的关键部分清晰，背景模糊。

5. 调整光圈：通过调整光圈大小（较大的 F 号），你可以增加焦点范围，确保主题的多个部分都清晰可见。

6. 寻找创意角度：微距摄影让你能够探索不同的角度和构图方式。尝试不同的拍摄角度，捕捉微小主题的独特之处。

7. 忍耐和细心：微距摄影需要耐心和细心。微小主题可能需要一些时间来发现和拍摄，但结果会让你惊叹。

8. 后期处理：最后，不要忘记微距照片的后期处理。你可以使用调整曝光、对比度、饱和度以及清晰度等工具来增强照片的效果。

微距摄影是一门令人着迷的艺术，它带领我们进入一个微小而神奇的世界。通过掌握这些技巧，你将能够捕捉微距照片的美丽，与他人分享你的视角。快拿出你的相机，探寻微观世界的奇妙之旅吧！#微距摄影技巧 #微观世界 #摄影艺术 #探索自然 #创意拍摄

图 3.28 ChatGPT 根据要求创作的一篇自媒体文案

3.3.5　练习实例：产品描述文案的创作模板

产品描述文案是一种文字内容，旨在生动和详细地描述产品的特性、功能、优点和用途，以便向潜在购买者或消费者传达产品的信息和吸引力，帮助消费者更好地了解产品，从而提高消费者的购买意愿。通常来说，用户只需使用"请为 ××（产品名称）创作一篇产品描述文案，要求：××"这个提示词模板，便可借助 ChatGPT 进行产品描述文案的创作，具体操作步骤如下。

步骤 01　在 ChatGPT 的输入框中输入提示词，如"请为某款热水壶创作一篇产品描述文案，要求：重点描述产品的功能和优点"，如图 3.29 所示。

图 3.29　在输入框中输入提示词

步骤 02　按 Enter 键发送，ChatGPT 会根据输入的提示词创作一篇产品描述文案，如图 3.30 所示。

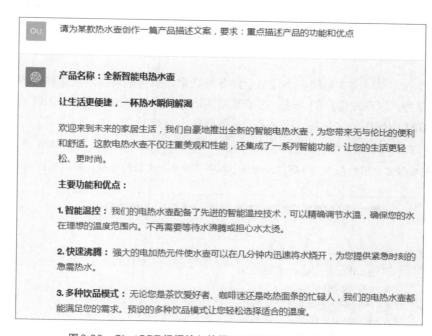

图 3.30　ChatGPT 根据输入的提示词创作的一篇产品描述文案

4. 保温功能： 电热水壶具有出色的保温性能，可以在水烧开后保持温度，让您随时享受热水，无需频繁加热。

5. 多层安全保护： 我们重视您和家人的安全，因此电热水壶内置了多层安全保护机制，包括干烧保护、自动断电等功能。

6. 精湛工艺： 电热水壶采用高品质不锈钢材料，外观精美，易于清洁，持久耐用。

7. 宽口设计： 宽口设计使倒水更加便捷，清洗也更容易。

8. 安静运行： 我们的电热水壶运行时非常安静，不会打扰您的休息或工作。

9. 客户满意度保证： 我们为每一台电热水壶提供质保服务，确保您的购物体验无忧无虑。

全新智能电热水壶，不仅是一台普通的热水壶，更是为您的舒适和便利而生。不管您是忙碌的上班族、家庭主妇还是学生，这款电热水壶将成为您生活中不可或缺的伙伴。它将满足您的多种饮水需求，为您提供温暖和方便，让您每一天都更加美好。选择全新智能电热水壶，让生活更轻松，让自己更快乐！

图 3.30　（续）

扫码
看视频

3.4　综合实例：使用 ChatGPT 创作小红书"种草"文案

小红书"种草"文案是指在小红书上发布的文案，目的是向用户推荐和介绍特定的产品或服务，以引发用户的兴趣，促使其购买或尝试。用户可以借助提示词模板直接在 ChatGPT 中创作小红书"种草"文案，具体操作步骤如下。

步骤 01 在 ChatGPT 的输入框中输入提示词，如"请围绕小红书'种草'文案创作 10 个标题，要求：有吸引力、字数在 20 字以内"，获得小红书"种草"文案的标题，如图 3.31 所示。

请围绕小红书"种草"文案创作10个标题，要求：有吸引力、字数在20字以内

1. "小红书力荐！这款面膜救了我的肌肤！"
2. "热销美妆！我最爱的五款口红分享"
3. "小红书爆款！必备护肤品TOP5"
4. "惊艳发现！小红书上的神级面膜"
5. "超火美食！小红书种草的美味推荐"
6. "穿搭达人教你潮流穿搭，不容错过"
7. "小红书好物推荐！十款生活必备品"
8. "营养早餐！小红书达人分享健康食谱"
9. "小红书推荐的旅行胜地，来一场冒险吧！"
10. "小红书好物盘点！亲测值得入手的宝贝"

图 3.31　获得小红书"种草"文案的标题

步骤 02 结合获得的小红书“种草”文案标题再次输入提示词，如“请围绕‘穿搭达人教你潮流穿搭，不容错过’这个标题，创作一篇小红书‘种草’文案，要求：讲清楚具体的搭配”，即可借助ChatGPT创作小红书“种草”文案，如图3.32所示。

OU 请围绕“穿搭达人教你潮流穿搭，不容错过”这个标题，创作一篇小红书“种草”文案，要求：讲清楚具体的搭配

穿搭达人教你潮流穿搭，不容错过

嗨，小红书的时尚达人们！今天我为大家带来一篇绝对不能错过的时尚穿搭分享。无论你是时尚新手还是老手，这些建议都将帮助你在每一天都保持潮流感！

搭配1：休闲街头风

这个季节，街头风是不可或缺的。选择一条宽松的牛仔裤，搭配一件涂鸦印花T恤，再加上一双时髦的运动鞋，你就能轻松打造出时尚的休闲街头风格。

搭配2：优雅复古

想要更具复古韵味的风格？选择一条高腰喇叭裤，搭配一款修身的吊带上衣，再戴上一顶宽边帽子，瞬间展现出时髦的优雅复古风。

搭配3：夏日清新

夏天来了，清新的穿搭不可或缺。选择一条飘逸的花裙，搭配一双简约的凉鞋，再加上一顶草帽，你将成为夏日街头的焦点。

搭配4：工作日精英

在工作日，精英感穿搭能助你展现出专业和自信。选择一套修身的西装，搭配一件白衬衫和高跟鞋，完美诠释职场精英形象。

搭配5：晚宴魅力

晚宴要求你穿出魅力和优雅。一条修身礼服，搭配一款时尚的披肩，再配上高跟鞋和精致的珠宝，绝对是吸引眼球的绝佳选择。

图3.32 ChatGPT创作的小红书“种草”文案

本章小结

本章主要从创意写作、功能写作和营销文案这三类提示词模板的使用方法展开，并配备了相关的综合实例。希望读者在学完本章的内容之后，能够快速了解ChatGPT文案创作提示词模板，并熟练使用模板创作对应的文案。

课后习题

1. 在ChatGPT中使用提示词模板，围绕多肉种植创作5个标题，效果如图3.33所示。

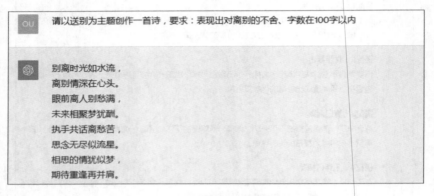

OU　请围绕多肉种植创作5个标题，要求：有吸引力、字数在20字以内

1. "多肉植物养成指南：独特美丽的绿植世界"
2. "零死角护理！打造多肉天堂的秘诀"
3. "多肉植物：生活中的小绿伙伴"
4. "多肉艺术：打造迷人多肉花园"
5. "独特多肉收藏：探寻多彩植物世界"

图3.33　ChatGPT围绕多肉种植创作的5个标题

2. 在 ChatGPT 中使用提示词模板，以送别为主题创作一首诗，效果如图3.34所示。

OU　请以送别为主题创作一首诗，要求：表现出对离别的不舍、字数在100字以内

别离时光如水流，
离别情深在心头。
眼前离人别愁满，
未来相聚梦犹酣。
执手共话离愁苦，
思念无尽似流星。
相思的情犹似梦，
期待重逢再并肩。

图3.34　ChatGPT以送别为主题创作的一首诗

ChatGPT生活娱乐提示词模板

第 4 章

　　生活娱乐是指人们在日常生活中为了消遣、放松和享受乐趣而进行的各种活动和娱乐形式。在日常的生活和娱乐中，我们可能需要快速创作出相关的内容。对此，用户可以直接使用提示词模板，快速在 ChatGPT 中完成内容的创作。

📢 本章重点

- 休闲娱乐类提示词模板
- 生活帮手类提示词模板
- 情感交流类提示词模板
- 综合实例：使用 ChatGPT 推荐景点附近的美食

4.1　休闲娱乐类提示词模板

休闲娱乐是一种广泛的娱乐活动，人们在闲暇时间参与，旨在放松身心、减轻压力和享受乐趣。休闲娱乐可以包括各种各样的活动，如从户外运动到室内娱乐，以满足不同人的不同兴趣和偏好。借助提示词模板，用户可以快速在 ChatGPT 中生成休闲娱乐类内容，本节将具体进行介绍。

扫码
看视频

4.1.1　练习实例：游戏策划的创作模板

游戏策划是游戏开发过程中的一个关键领域，涵盖了游戏的创意、规则、玩法、故事情节、游戏系统和整体设计方面的工作。通常来说，用户只需使用"请策划一款 ××（游戏的类型）游戏，要求：××"这个提示词模板，便可借助 ChatGPT 进行游戏策划内容的创作，具体操作步骤如下。

步骤 01　在 ChatGPT 的输入框中输入提示词，如"请策划一款桌上游戏，要求：讲清楚游戏的玩法"，如图 4.1 所示。

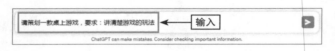

图 4.1　在输入框中输入提示词

步骤 02　按 Enter 键发送，ChatGPT 会根据要求策划一款桌上游戏，如图 4.2 所示。

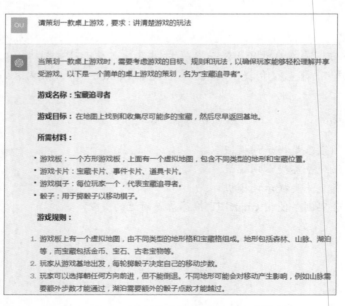

图 4.2　ChatGPT 根据要求策划的一款桌上游戏

4. 当玩家抵达宝藏格时，他们抽取一张宝藏卡片，上面标有一定数量的宝藏点数。玩家将这些点数添加到他们的积分上。

5. 游戏中还有事件卡片，当玩家抵达某些特定位置时，必须抽取一张事件卡片，可能会遇到好运或者挑战。

6. 玩家还可以使用道具卡片，例如"望远镜"卡片允许他们查看地图上的更多区域，或者"加速"卡片允许他们多走一次。

7. 游戏继续，玩家在地图上找到宝藏并收集点数，直到他们决定返回基地。

8. 玩家返回基地后，他们的宝藏点数将被计算，总分最高的玩家获胜。

这款桌上游戏鼓励玩家计划自己的移动，管理道具和事件，以最大程度地提高自己的宝藏点数。游戏具有一定的策略性和随机性，适合家庭和朋友之间的娱乐。

图4.2 （续）

4.1.2 练习实例：成语接龙的创作模板

扫码
看视频

成语接龙是一种传统的文字游戏，它要求参与者根据汉语成语的最后一个字的读音，轮流说出一个与上一个成语相连的成语，以此类推。通常来说，用户只需使用"我们来进行一个成语接龙游戏，××（给出相关的描述）"这个提示词模板，便可借助ChatGPT进行成语接龙内容的创作，具体操作步骤如下。

步骤 01 在 ChatGPT 的输入框中输入提示词，如"我们来进行一个成语接龙游戏，我先给出一个成语，请你按照成语的尾字读音进行成语接龙，当你给出的成语较为生僻时，请对成语进行解释。我给出的成语是力大无穷"，如图 4.3 所示。

图4.3 在输入框中输入提示词

步骤 02 按 Enter 键发送，ChatGPT 会根据要求创作成语接龙内容，如图 4.4 所示。

> **You**
> 我们来进行一个成语接龙游戏，我先给出一个成语，请你按照成语的尾字读音进行成语接龙，当你给出的成语较为生僻时，请对成语进行解释。我给出的成语是力大无穷
>
> **ChatGPT**
> 好的，我接龙，力大无穷的尾字是"穷"。
>
> 成语接龙: 穷途末路

图4.4 ChatGPT 根据要求创作的成语接龙内容

4.1.3 练习实例：景点推荐的创作模板

扫码
看视频

当用户准备前往某个国家或某个城市游玩一番时，可以事先询问ChatGPT有关该地的特色景点，ChatGPT会给出景点推荐。通常来说，用户只需使用"你是一名导游，请根

据我的需求为我推荐 ×× 的景点（另起一行）我的需求：××"这个提示词模板，便可借助 ChatGPT 进行景点推荐内容的创作，具体操作步骤如下。

步骤 01 在 ChatGPT 的输入框中输入提示词，如"你是一名导游，请根据我的需求为我推荐北京的景点（另起一行）我的需求：观看首都的知名景点"，如图 4.5 所示。

图 4.5 在输入框中输入提示词

步骤 02 按 Enter 键发送，ChatGPT 会根据要求创作景点推荐内容，如图 4.6 所示。

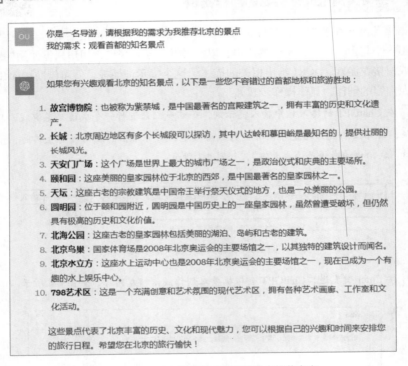

图 4.6 ChatGPT 根据要求创作的景点推荐内容

4.1.4 练习实例：旅游攻略的创作模板

扫码
看视频

旅游攻略是一种提供旅行目的地相关信息和建议的指南，它旨在帮助游客更好地规划和享受他们的旅行。旅游攻略包括以下内容：目的地介绍、行程规划、交通信息和住宿建议等。通常来说，用户只需使用"我想从 ×× 去 ×× 旅游，请根据我的需求创作一个旅游攻略（另起一行）我的需求：××"这个提示词模板，便可借助 ChatGPT 进行旅游攻略内容的创作，具体操作步骤如下。

步骤 01 在 ChatGPT 的输入框中输入提示词，如"我想从长沙去四川旅游，请根据我的需求创作一个旅游攻略（另起一行）我的需求：讲清楚行程规划，并给出住宿建议"，如图 4.7 所示。

图4.7 在输入框中输入提示词

步骤 02 按 Enter 键发送，ChatGPT 会根据要求创作旅游攻略内容，如图 4.8 所示。

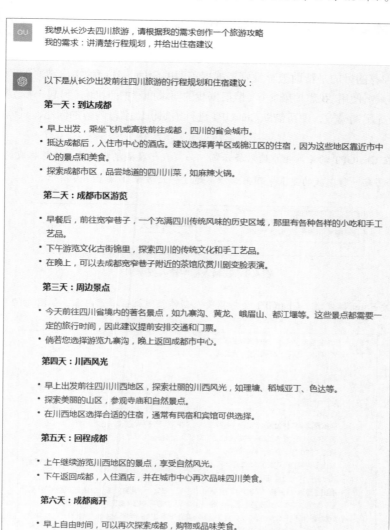

图4.8 ChatGPT 根据要求创作的旅游攻略内容

住宿建议：

- 成都市区：成都市中心有各种住宿选择，包括高档酒店、精品酒店和经济型酒店。您可以选择根据预算和喜好。
- 川西地区：在川西地区，您可以选择当地的民宿、宾馆或度假村，以更好地融入当地风情。

请注意，四川是一个广阔多样的省份，有着丰富多彩的自然风光和文化，因此您可以根据自己的兴趣和时间来调整上述行程。此外，建议提前预订机票和住宿，以确保顺利的旅行体验。祝您在四川的旅行愉快！

图 4.8 （续）

4.1.5 练习实例：拍照机位推荐的创作模板

扫码
看视频

拍照机位推荐是指为摄影爱好者提供某一地点拍摄照片的摄影位置或角度的建议。拍照机位推荐的目的是帮助摄影爱好者捕捉美丽的瞬间，从而拍摄出精彩的照片。通常来说，用户只需使用"我想拍摄 ××，请根据我的要求推荐拍照机位（另起一行）我的要求：××"这个提示词模板，便可借助 ChatGPT 进行拍照机位推荐内容的创作，具体操作步骤如下。

步骤 01 在 ChatGPT 的输入框中输入提示词，如"我想拍摄星空照片，请根据我的要求推荐拍摄机位（另起一行）我的要求：距离长沙不超过一天路程"，如图 4.9 所示。

图 4.9 在输入框中输入提示词

步骤 02 按 Enter 键发送，ChatGPT 会根据要求创作拍照机位推荐内容，如图 4.10 所示。

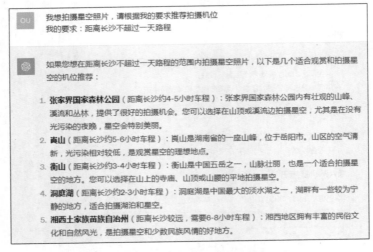

图 4.10 ChatGPT 根据要求创作的拍照机位推荐内容

在这些地点拍摄星空照片时，注意以下几点：

- 选择没有光污染的地方，远离城市光线，以获得更清晰的星空。
- 查看天气预报，确保选择晴朗的夜晚进行拍摄。
- 准备合适的摄影设备，包括稳定的三脚架和远摄镜头。
- 学习有关星空摄影的技巧和设置，以获得最佳效果。

请注意，星空拍摄需要一些计划和准备，但在湖南省的自然美景中拍摄星空照片将是一次令人难忘的体验。

图4.10 （续）

4.2　生活帮手类提示词模板

生活帮手是指各种工具、应用程序、服务或人员，可以帮助个人或家庭更轻松、高效地完成日常生活中的任务和活动。这些生活帮手可以是物质的、数字的或是人际的资源，旨在减轻日常压力，提高生活的质量。本节将介绍使用提示词模板在ChatGPT中创作生活帮手类内容的技巧。

4.2.1　练习实例：着装推荐的创作模板

扫码看视频

着装推荐是关于个人穿着的建议，旨在帮助人们在不同场合和情境下选择合适的服装。这些建议通常基于社交规范、气候、活动类型和个人风格偏好等因素。通常来说，用户只需使用"我要××（出席的场合），请为我推荐合适的着装"这个提示词模板，便可借助ChatGPT进行着装推荐内容的创作，具体操作步骤如下。

步骤 01　在 ChatGPT 的输入框中输入提示词，如"我要去和女朋友约会，请为我推荐合适的着装"，如图 4.11 所示。

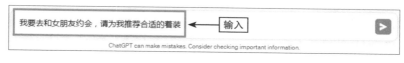

图4.11　在输入框中输入提示词

步骤 02　按 Enter 键发送，ChatGPT 会根据要求创作着装推荐内容，如图 4.12 所示。

我要去和女朋友约会，请为我推荐合适的着装

与女朋友约会是一个重要的时刻，你可能希望在穿着上展现得体、自信和吸引人。合适的着装可以根据约会的具体性质和场合而有所不同，以下是一些基本的着装建议，可以根据情况调整：

1. **普通约会**：如果是一次普通的约会，如去餐厅、咖啡馆或电影院，你可以选择舒适而时尚的休闲装。建议穿着：
   - 一件时尚的牛仔裤或修身裤。
   - 一件合适的T恤、衬衫或针织衫。
   - 适合场合的鞋子，如皮鞋、帆布鞋或时尚运动鞋。
   - 搭配一些简单的饰品，如手表或项链。
2. **正式约会**：如果你计划进行更正式的约会，如去高级餐厅或参加舞会，你可能需要穿得更加正式。建议穿着：
   - 西装或运动外套，视场合而定。
   - 配合西装的衬衫和领带。
   - 皮鞋或时尚鞋款。
   - 确保穿着整洁，衣物干净，以展现你的绅士风度。
3. **户外约会**：如果你计划在户外进行约会，如远足、野餐或郊游，选择合适的户外服装，以确保舒适和便利。建议穿着：
   - 舒适的户外裤或运动裤。
   - 防风夹克或外套，取决于天气。
   - 运动鞋或徒步鞋。
   - 带有太阳镜、帽子和防晒霜等户外饰品。
4. **个人风格**：无论你选择哪种着装，要确保它与你的个人风格相符。自信是最重要的，因此选择适合你并让你感到自信的服装。

最重要的是，确保你的着装干净整洁，同时要考虑约会的时间、地点和天气。与女朋友的约会应该是有趣、轻松和愉快的体验，穿着舒适和自信可以帮助你实现这一目标。最终，最好的着装建议是在考虑以上因素的基础上选择适合的服装。祝你和女朋友约会愉快！

图 4.12　ChatGPT 根据要求创作的着装推荐内容

 扫码
看视频

4.2.2　练习实例：健身计划的创作模板

用户在追求健康生活方式的过程中，可以让 ChatGPT 充当健身教练，根据自己的情况制定科学、严密的健身计划。通常来说，用户只需使用"请作为一名健身教练，根据要求为我制定一份健身计划（另起一行）我的要求：××"这个提示词模板，便可借助 ChatGPT 进行健身计划内容的创作，具体操作步骤如下。

步骤 01　在 ChatGPT 的输入框中输入提示词，如"请作为一名健身教练，根据要求为我制定一份健身计划（另起一行）我的要求：利用闲暇时间训练、1 个月内练出腹肌"，如图 4.13 所示。

请作为一名健身教练，根据要求为我制定一份健身计划
我的要求：利用闲暇时间训练、1个月内练出腹肌　　　　◄━━ 输入　　　　▶

ChatGPT can make mistakes. Consider checking important information.

图 4.13　在输入框中输入提示词

步骤 02 按 Enter 键发送，ChatGPT 会根据要求创作健身计划内容，如图 4.14 所示。

OU　请作为一名健身教练，根据要求为我制定一份健身计划
　　我的要求：利用闲暇时间训练、1个月内练出腹肌

要在一个月内练出腹肌，需要专注的训练、合理的饮食和坚定的决心。以下是一份为期一个月的腹肌训练计划，利用闲暇时间进行锻炼。请注意，练出腹肌需要时间和坚持，因此结果可能因个人起点和遗传因素而异。

周一：核心锻炼

- 仰卧起坐：3组，每组15-20次。
- 平板支撑：3组，每组持续30秒。
- 腿部提升：3组，每组15-20次。

周二：有氧运动

- 进行30分钟的快步走、跑步、自行车骑行或游泳。

周三：核心锻炼

- 倒立引体向上：3组，每组15-20次。
- 俄罗斯转体：3组，每组15-20次（每侧）。
- 超人姿势：3组，每组持续30秒。

周四：有氧运动

- 再次进行30分钟的有氧运动，可以选择不同的活动以增加变化。

周五：核心锻炼

- 站立杠铃卷腹：3组，每组15-20次。
- 侧平板支撑：3组，每组持续30秒（每侧）。
- 足球传球练习：3组，每组15-20次。

周六：有氧运动

- 进行30分钟的有氧运动，例如快步走、慢跑或跳绳。

周日：休息

- 为身体提供休息，恢复和修复。

饮食建议：

- 控制卡路里摄入，确保处于减脂状态，以减少腹部脂肪。
- 增加蛋白质摄入，以帮助肌肉生长和修复。
- 多吃健康脂肪，如坚果、鳕鱼和橄榄油。
- 避免高糖和加工食品，以保持血糖水平稳定。

在训练期间，确保保持充分的水分摄入，足够的睡眠和管理压力。腹肌的训练需要坚持和耐心，因此要保持积极的心态，不要期望在一个月内完全练出六块腹肌，但你可以在短时间内取得明显的进展。在训练前建议咨询健身教练或医生，以确保你的健康状况适合进行这样的训练计划。

图 4.14　ChatGPT 根据要求创作的健身计划内容

4.2.3 练习实例：兴趣培养的创作模板

兴趣是每个人生活的乐趣来源之一，好的兴趣可以丰富用户的生活，给用户的生活带来希望，甚至发展成自我价值的实现途径。ChatGPT可以帮助用户找到自己的兴趣，并培养兴趣爱好。通常来说，用户只需使用"我想培养对××的兴趣，请为我提供一些建议"这个提示词模板，便可借助 ChatGPT 进行兴趣培养内容的创作，具体操作步骤如下。

步骤 01 在 ChatGPT 的输入框中输入提示词，如"我想培养对书法的兴趣，请为我提供一些建议"，如图 4.15 所示。

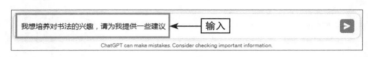

图 4.15 在输入框中输入提示词

步骤 02 按 Enter 键发送，ChatGPT 会根据要求创作兴趣培养内容，如图 4.16 所示。

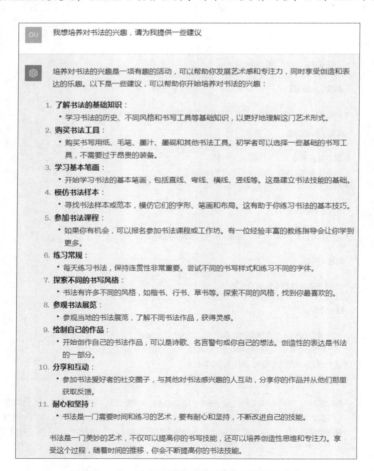

图 4.16 ChatGPT 根据要求创作的兴趣培养内容

4.2.4 练习实例：菜品烹饪的创作模板

菜品烹饪是指通过一系列烹饪技巧和方法，将原材料转化为可食用的菜肴的过程。这包括了各种烹饪手法、调味技巧和厨房操作，旨在提升食材的味道、质地和外观。通常来说，用户只需使用"我想学习如何烹饪××（菜品名称），请为我提供具体的烹饪方法"这个提示词模板，便可借助 ChatGPT 进行菜品烹饪内容的创作，具体操作步骤如下。

步骤 01 在 ChatGPT 的输入框中输入提示词，如"我想学习如何烹饪西红柿炒蛋，请为我提供具体的烹饪方法"，如图 4.17 所示。

图 4.17　在输入框中输入提示词

步骤 02 按 Enter 键发送，ChatGPT 会根据要求创作菜品烹饪内容，如图 4.18 所示。

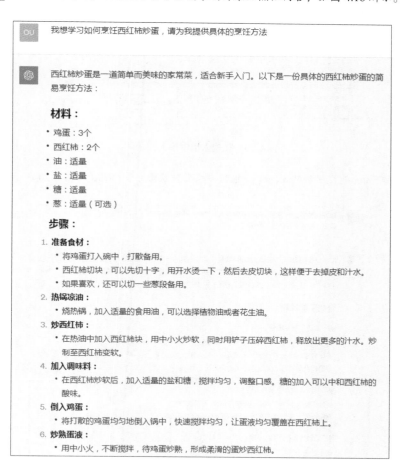

图 4.18　ChatGPT 根据要求创作的菜品烹饪内容

81

7. 加入葱花（可选）：
- 如果喜欢，可以在最后加入一些葱花，提香。
8. 装盘：
- 炒好的西红柿炒蛋盛出，可以撒上一些葱花点缀。
9. 享用：
- 将西红柿炒蛋盛在盘子里，可以搭配米饭一起享用。

这是一份简易的家常做法，可以根据个人口味的不同进行调整。炒蛋的关键是火候掌握，保持鸡蛋嫩滑，西红柿不失去口感。希望你烹饪过程愉快，享受美味的西红柿炒蛋！

图 4.18 （续）

4.2.5 练习实例：装修方案的创作模板

扫码
看视频

装修方案是指在进行室内或室外空间装修时所制定的详细计划和设计方案。如果用户不知道如何给自己的房子装修，可以通过 ChatGPT 来获取装修方案。通常来说，用户只需使用"我想对房屋进行装修，请根据要求为我提供一个装修方案（另起一行）要求：××"这个提示词模板，便可借助 ChatGPT 进行装修方案内容的创作，具体操作步骤如下。

步骤 01 在 ChatGPT 的输入框中输入提示词，如"我想对房屋进行装修，请根据要求为我提供一个装修方案（另起一行）要求：制定明确的工期计划"，如图 4.19 所示。

图 4.19 在输入框中输入提示词

步骤 02 按 Enter 键发送，ChatGPT 会根据要求创作装修方案内容，如图 4.20 所示。

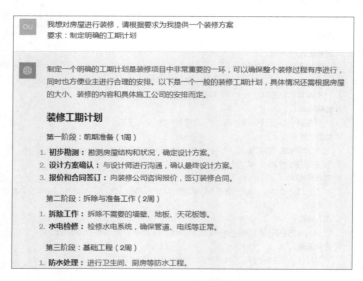

图 4.20 ChatGPT 根据要求创作的装修方案内容

2. **地面和墙面处理**：进行地面找平和墙面处理。

3. **电路改造**：根据设计需要进行电路改造。

第四阶段：主体施工（4周）

1. **吊顶和隔墙**：完成吊顶和隔墙的建设。

2. **地板铺设**：进行地板的铺设。

3. **涂料施工**：进行墙面涂料和木工漆的施工。

4. **定制家具制作**：如有需要，开始定制家具的制作。

第五阶段：装修细节（3周）

1. **门窗安装**：安装门窗。

2. **卫浴和厨房设备安装**：安装卫浴设备和厨房设备。

3. **灯具安装**：安装各种灯具和电器设备。

4. **家具摆放**：摆放家具和装饰品。

第六阶段：清理和验收（1周）

1. **清理工地**：清理施工现场，清除杂物和垃圾。

2. **细节完善**：完善装修细节，确保各项工程质量。

3. **业主验收**：与业主一同进行最终验收，确认装修效果。

第七阶段：交付和保修（1周）

1. **交付房屋**：将房屋交还给业主。

2. **保修期**：进行装修项目的保修期，解决可能出现的问题。

这只是一个通用的装修工期计划，实际情况可能会因房屋状况、设计方案的复杂度、季节性因素和工人工作效率等因素而有所不同。在制定工期计划时，建议与装修公司充分沟通，并确保合同中有明确的工期约定和相应的延期处理条款。

图 4.20　（续）

4.3　情感交流类提示词模板

情感交流是指通过言语、肢体语言、表情、声调等多种方式表达和分享个体内在情感状态的过程。这种交流形式是人际沟通的重要组成部分，有助于建立和加强人与人之间的关系。本节将为大家介绍使用提示词模板在ChatGPT中创作情感交流类内容的技巧。

4.3.1　练习实例：亲子沟通的创作模板

 扫码
看视频

亲子沟通是指父母与子女之间通过语言和情感表达进行交流和沟通的过程。对于不知道如何与自己的孩子进行良好沟通的父母来说，可以尝试使用"假如你是××的父母，你会如何与你的孩子进行沟通"这个提示词模板，便可借助ChatGPT创作亲子沟通内容，掌握亲子沟通的技巧。

步骤 01 在ChatGPT的输入框中输入提示词，如"假如你是10岁孩子的父母，你会如何与你的孩子沟通"，如图4.21所示。

假如你是10岁孩子的父母，你会如何与你的孩子沟通 ← 输入 ▶

ChatGPT can make mistakes. Consider checking important information.

图4.21 在输入框中输入提示词

步骤 02 按 Enter 键发送，ChatGPT 会根据要求创作亲子沟通内容，如图 4.22 所示。

OU 假如你是10岁孩子的父母，你会如何与你的孩子进行沟通

与10岁的孩子进行沟通需要考虑到他们的年龄特点和心理发展阶段。以下是一些建议，帮助父母更好地与10岁的孩子进行沟通：

1. **使用简单明了的语言**：避免使用复杂或过于专业的词汇，使用简单清晰的语言来表达观点，让孩子更容易理解。
2. **关注他们的日常生活**：问问关于学校、朋友和日常活动的问题，表现对他们生活的关心。这有助于建立更密切的亲子关系。
3. **尊重他们的观点**：给予孩子足够的尊重，听取他们的观点和建议。让他们感到自己的声音是被重视的，有助于培养自信心。
4. **鼓励表达感受**：鼓励孩子表达自己的情感，不论是喜悦、担忧还是不安。帮助他们建立正确的情感表达方式，让他们知道自己的感受是被接纳的。
5. **共同参与兴趣爱好**：参与孩子感兴趣的活动，共同度过家庭时间。这有助于拉近亲子关系，同时提供更多沟通的机会。
6. **设定规矩与期望**：与孩子一起制定家庭规矩和期望，确保他们理解规则的重要性。解释规矩的背后原因，以促进他们的合作。
7. **鼓励问题提问**：鼓励孩子提问，解答他们关于学校、生活或其他领域的疑问。这有助于培养他们的求知欲和好奇心。
8. **用故事讲解价值观**：通过故事或实例来传递价值观，让孩子更容易理解和接受。这有助于他们在日常生活中更好地应用这些价值观。
9. **制定家庭活动计划**：与孩子一起规划家庭活动，包括周末计划、度假计划等。这不仅加强了家庭的凝聚力，也提供了交流的机会。
10. **保持耐心**：孩子可能在表达自己的过程中表达不清楚或犹豫。保持耐心，给予他们足够的时间和空间，让他们感到安全。

重要的是，父母要建立一个开放、温暖的沟通环境，让孩子感到可以信任和依靠。与孩子建立良好的亲子关系有助于促进他们健康、积极的成长。

图4.22 ChatGPT 根据要求创作的亲子沟通内容

扫码
看视频

4.3.2 练习实例：暗恋表白的创作模板

暗恋表白是指一个人对另一个人悄悄地怀有爱慕之情，但并未公开表达，而后来决定向对方表明自己的感情的方式。如果用户没有表白经验，可以倾听一下ChatGPT的意见。通常来说，用户只需使用"我想对暗恋对象进行表白，你可以给我一些建议吗（另起一行）要求：××"这个提示词模板，便可借助ChatGPT进行暗恋表白内容的创作，具体操作步骤如下。

步骤 01 在 ChatGPT 的输入框中输入提示词，如 "我想对暗恋对象进行表白，你可以给我一些建议吗（另起一行）要求：能看出我的真心实意"，如图 4.23 所示。

图 4.23 在输入框中输入提示词

步骤 02 按 Enter 键发送，ChatGPT 会根据要求创作暗恋表白内容，如图 4.24 所示。

图 4.24 ChatGPT 根据要求创作的暗恋表白内容

4.3.3 练习实例：情绪安抚的创作模板

扫码
看视频

在当今这个高压的时代背景中，"情绪价值"是极为奢侈的精神产品，尤其是在他人失意时，及时给予有效的安抚，是十分难得的。通常来说，用户只需使用"我的××因为××而情绪不佳，请为我提供一些安抚情绪的方法（另起一行）要求：××"这个提示词模板，便可借助 ChatGPT 进行情绪安抚内容的创作，具体操作步骤如下。

步骤 01 在 ChatGPT 的输入框中输入提示词，如 "我的室友因为失恋而情绪不佳，请为我提供一些安抚情绪的方法（另起一行）要求：给出具体的话语模板"，如图 4.25 所示。

图4.25　在输入框中输入提示词

步骤 02　按 Enter 键发送，ChatGPT 会根据要求创作情绪安抚内容，如图 4.26 所示。

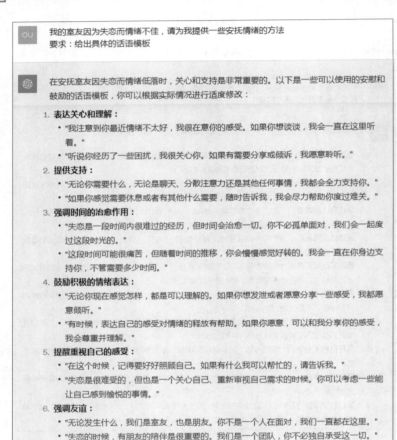

图4.26　ChatGPT 根据要求创作的情绪安抚内容

扫码
看视频

4.3.4　练习实例：心理疏导的创作模板

　　心理疏导是指通过专业心理学方法，对个体或群体进行情感支持、倾听和指导，以缓解其心理压力、调整情绪、解决心理问题的过程。通常来说，用户只需使用"你是一名心理咨询师，请你对 ×× 进行心理疏导"这个提示词模板，便可借助 ChatGPT 进行心理疏导内容的创作，具体操作步骤如下。

步骤 01　在 ChatGPT 的输入框中输入提示词，如"你是一名心理咨询师，请你对一位心理有些抑郁的少年进行心理疏导",如图 4.27 所示。

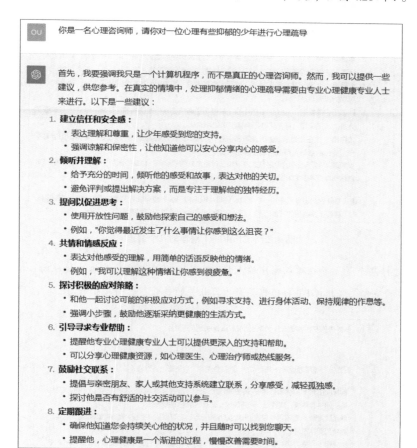

图 4.27   在输入框中输入提示词

步骤 02 按 Enter 键发送,ChatGPT 会根据要求创作心理疏导内容,如图 4.28 所示。

图 4.28   ChatGPT 根据要求创作的情绪安抚内容

扫码
看视频

4.4   综合实例:使用ChatGPT推荐景点附近的美食

在使用ChatGPT推荐景区附近的美食时,可以先确定要去的景点,然后再让ChatGPT推荐该景区附近的美食,具体操作步骤如下。

步骤 01 在 ChatGPT 的输入框中输入提示词，如"你是一名导游，请根据我的需求为我推荐几个陕西的景点"，让 ChatGPT 给你推荐几个景点，如图 4.29 所示。

> OU 你是一名导游，请根据我的需求为我推荐几个陕西的景点
>
> 当然，陕西是一个充满历史和文化底蕴的省份，有许多著名的景点。以下是一些建议：
>
> 1. **西安古城墙**：西安古城墙是中国保存最完整、规模最大的古城墙之一，提供徒步、自行车等多种方式让游客欣赏城市风光。
> 2. **兵马俑（秦始皇兵马俑坑）**：位于西安的秦始皇兵马俑是世界著名的考古发现，规模宏大，展示了古代中国的军事制度和工艺水平。
> 3. **华清池**：华清池位于西安北郊，是一个有着悠久历史的温泉胜地，池内有温泉，环境宜人，还有历史悠久的建筑，是一处文化和自然景观相结合的胜地。
> 4. **大雁塔**：大雁塔是古老的佛塔，位于大慈恩寺内，是中国佛教文化的代表之一。夜晚时，大雁塔的夜景也很迷人。
> 5. **陕西历史博物馆**：位于西安市中心，陕西历史博物馆是中国领先的历史博物馆之一，收藏了大量的历史文物，展示了陕西丰富的历史和文化。
> 6. **太白山**：太白山是陕西的一座著名山脉，以险峻的山势和美丽的自然景观而著称。山上有徒步、登山等活动，可以俯瞰壮丽的风景。
> 7. **汉阳陵**：位于西安的汉阳陵是西汉第二位皇帝刘盈的陵墓，也是中国历史上第一个帝陵。陵墓内有丰富的文物和历史遗迹。
>
> 这只是陕西众多景点中的一小部分。你可以根据自己的兴趣和时间做更详细的选择。在游览时，建议了解景点的开放时间、门票信息以及可能需要提前预约的情况。

图 4.29　ChatGPT 推荐的几个景点

步骤 02 选择某个景点并在输入框中输入提示词，如"我想去西安古城墙旅游，请为我推荐该景点附近的美食"，ChatGPT 会根据要求推荐相关的美食，如图 4.30 所示。

> OU 我想去西安古城墙旅游，请为我推荐该景点附近的美食
>
> 在西安古城墙附近有许多美味的陕西特色美食，以下是一些推荐：
>
> 1. **回民街小吃**：回民街是西安著名的美食街之一，离古城墙不远。这里有各种传统的回民小吃，如羊肉泡馍、炸酱面、肉夹馍等，都是当地的特色美食。
> 2. **陕西油泼面**：距离古城墙较近的地方也有一些小店可以品尝到正宗的陕西油泼面，这是一道独特而美味的面食。
> 3. **肉夹馍**：西安是肉夹馍的故乡之一，你可以在古城墙附近的小吃摊或餐馆尝试正宗的肉夹馍，搭配各种口味的肉和配菜。
> 4. **羊肉泡馍**：陕西的经典美食之一，是一种由软硬适中的泡馍搭配上浓汤、嫩羊肉、韭菜花等食材制成的美味。
> 5. **臊子面**：这是陕西传统的一道汤面，有着浓郁的酱香味，是当地人喜爱的美食之一。
> 6. **沉香鸡**：这是一道具有本地特色的美食，是一种先蒸后炸的独特烹饪方式，搭配上陕西的特色香辛料。
> 7. **烤肉**：在古城墙附近也有一些烤肉店，你可以尝试一下陕西特色的烤肉，品尝到不同口味的烤制美味。
> 8. **擀面皮**：这是一种由擀制而成的面食，可以搭配各种酱料、蔬菜和肉类，口感独特。
>
> 在古城墙附近，你可以随意漫步，发现许多小巷弄内隐藏的美食宝藏。记得尝试当地的特色，享受美食之旅。

图 4.30　ChatGPT 根据要求推荐相关的美食

本 章 小 结

本章主要从休闲娱乐、生活帮手和情感交流这三类提示词模板的使用方法展开，并配备了相关的综合实例。希望读者在学完本章的内容之后，能够快速掌握ChatGPT的提示词模板，并熟练使用这些模板创作出对应的内容。

课 后 习 题

1. 让ChatGPT推荐几个武汉的旅游景点，效果如图4.31所示。

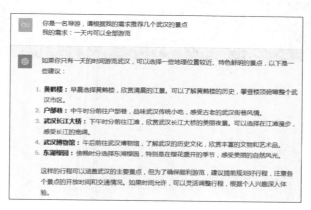

图4.31　ChatGPT推荐的武汉旅游景点

2. 让ChatGPT推荐园林照片的拍摄机位，效果如图4.32所示。

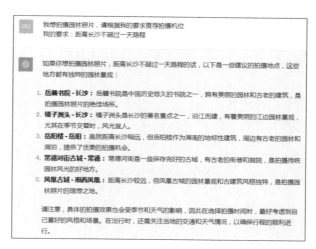

图4.32　ChatGPT推荐的园林照片拍摄机位

ChatGPT 工作学习提示词模板

第 **5** 章

在日常的工作和学习中，人们可能会遇到不好解决的问题。对于这种情况，不妨寻求一下 ChatGPT 的帮助，看看有没有更有效的解决方案。本章重点为大家介绍工作学习的提示词模板，帮助大家更好地提高工作和学习的效率。

◀)) 本章重点

- 求职招聘类提示词模板
- 职场效率类提示词模板
- 学习成长类提示词模板
- 商业应用类提示词模板
- 综合实例：创作一个招聘启事并生成对应的面试题

5.1　求职招聘类提示词模板

求职招聘是指一种寻找工作和招聘员工的过程。当个人寻找新的工作机会时，他们会进行求职活动，而企业或雇主则会通过招聘活动来寻找适合其组织的员工。借助提示词模板，用户可以快速在ChatGPT中生成求职招聘类内容，本节将具体进行介绍。

5.1.1　练习实例：个人简历的创作模板

扫码
看视频

简历是求职面试时的敲门砖，好的简历能够体现出一个人的专业水平、职业习惯以及工作态度等，从而给面试官留下好的印象。通常来说，用户只需使用"请根据以下信息创作一份个人简历（另起一行）××"这个提示词模板，便可借助ChatGPT进行个人简历内容的创作，具体操作步骤如下。

步骤 01 在 ChatGPT 的输入框中输入提示词，如"请根据以下信息创作一份个人简历（另起一行）湖南大学汉语言专业毕业生张三，擅长写作，能够熟练操作常见的办公和排版软件，大学期间曾在报社实习"，如图 5.1 所示。

图5.1　在输入框中输入提示词

步骤 02 按 Enter 键发送，ChatGPT 会根据要求创作个人简历内容，如图 5.2 所示。

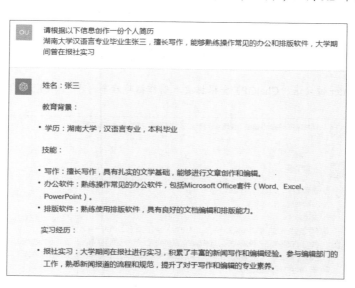

图5.2　ChatGPT 根据要求创作的个人简历内容

个人特点：

- 善于沟通：具备良好的沟通能力，能够与团队成员合作，高效完成工作任务。
- 学习能力强：具备较强的学习能力和适应能力，能够快速掌握新知识和技能。
- 注重细节：关注工作中的细节，对于文档的准确性和规范性有较高的要求。

求职目标：

- 寻找与写作和编辑相关的工作岗位，发挥专业优势，为企业提供优质的文案和编辑支持。

联系方式：

- 电话：（您的电话号码）
- 邮箱：（您的电子邮件地址）

这份简历强调了张三的教育背景、写作能力、办公软件和排版软件技能，以及在报社实习的经验。通过突出个人特点和求职目标，使雇主能够清晰地了解张三的优势和适应能力，以便更好地匹配工作岗位。

图5.2 （续）

扫码
看视频

5.1.2 练习实例：招聘启事的创作模板

对于企业来说，招聘启事是广纳人才的有效途径。通过招聘启事上的信息，企业可以找到有针对性的人才，人们也可以有针对性地找到满意的工作。通常来说，用户只需使用"我想招聘××（岗位和人数），请结合该岗位的必备技能，提供一则招聘启事"这个提示词模板，便可借助ChatGPT进行招聘启事内容的创作，具体操作步骤如下。

步骤 01 在ChatGPT的输入框中输入提示词，如"我想招聘3名图书编辑，请结合该岗位的必备技能，提供一则招聘启事"，如图5.3所示。

图5.3 在输入框中输入提示词

步骤 02 按Enter键发送，ChatGPT会根据要求创作招聘启事内容，如图5.4所示。

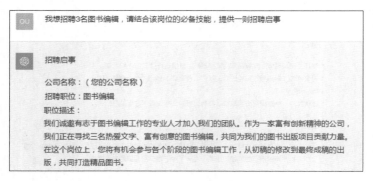

图5.4 ChatGPT根据要求创作的招聘启事内容

岗位职责：

1. 进行图书初稿的审读、修改和润色，确保文本的逻辑性和流畅性；
2. 与作者保持密切沟通，共同推动图书项目的进展；
3. 负责图书排版、校对等后期工作，保障图书出版的质量；
4. 研究市场趋势，提供有关图书编辑方面的专业建议；
5. 协助团队完成其他相关的编辑工作。

职位要求：

1. 拥有相关专业背景，图书编辑、中文、文学等相关专业本科及以上学历；
2. 具备较强的文字编辑能力和创意思维，对文字有敏锐的嗅觉；
3. 熟练使用图书排版软件，具备良好的办公软件操作能力；
4. 具有较强的团队协作精神，善于沟通和合作；
5. 对图书出版行业有浓厚兴趣，有相关工作经验者优先。

如何申请：

请有意者将个人简历、作品集（如有）、相关证书等材料发送至招聘邮箱（您的公司邮箱地址），邮件主题请注明"图书编辑申请 - 姓名"。

我们期待有才华的您加入我们的团队，共同开创精彩的图书编辑之旅！

图 5.4 （续）

5.1.3 练习实例：面试题库的创作模板

扫码
看视频

在面试的过程中，大部分求职者可能都会为面试官的提问而感到紧张，害怕自己回答失误，或不知道如何展示自己的亮点。当用户有面试需求时，可以使用"你是××（岗位）的面试官，请提供面试时常问的问题"这个提示词模板，便可借助 ChatGPT 生成面试中可能会被问到的问题，以提前准备好答案，具体操作步骤如下。

步骤 01 在 ChatGPT 的输入框中输入提示词，如"你是图书编辑的面试官，请提供面试时常问的问题"，如图 5.5 所示。

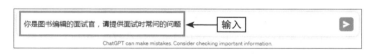

图 5.5 在输入框中输入提示词

步骤 02 按 Enter 键发送，ChatGPT 会根据要求创作面试题库内容，如图 5.6 所示。

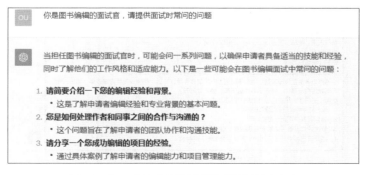

图 5.6 ChatGPT 根据要求创作的面试题库内容

4. 您如何处理对稿件的审查和修改？
  • 这涉及到审读和修改技能，以及对细节的关注。
5. 您如何应对工作压力和紧急情况？
  • 了解申请者在高压环境下工作的能力和反应方式。
6. 您对当前图书市场的了解如何？
  • 考察申请者对行业趋势和市场动态的敏感度。
7. 您在使用哪些图书排版和编辑软件方面有经验？
  • 了解申请者对行业标准软件的熟悉程度。
8. 您如何保持对不同体裁和风格的文学作品的熟悉度？
  • 这涉及到编辑者的广泛阅读和文学鉴赏能力。
9. 您在编辑中遇到过的最大挑战是什么，您是如何克服的？
  • 通过解决问题的经历了解申请者的应变能力和解决问题的方法。
10. 您对自己的编辑风格有何看法？
  • 了解申请者对编辑工作的态度和风格的自我认知。

这些问题可以帮助面试官更全面地了解申请者的编辑经验、专业知识和个人特质，从而更好地判断其是否适合图书编辑的职位。

图 5.6 （续）

5.2　职场效率类提示词模板

职场效率是指在工作环境中有效地利用时间和资源达到工作目标的能力。一个高效的职场表现通常表现为在规定时间内完成任务、保持高质量的工作成果，以及有效地协调和沟通与他人的合作。本节将介绍使用提示词模板在 ChatGPT 中创作职场效率类内容的技巧，帮助我们更好地提高工作的效率。

5.2.1　练习实例：会议纪要的创作模板

扫码
看视频

会议纪要是会议的记录和凭证，好的会议纪要可以清晰、准确地记录会议内容，并为用户提供指导。借助 ChatGPT 的力量，可以帮助用户更快、更好地完成会议纪要的写作。通常来说，用户只需使用"请结合以下信息创作一份标准的会议纪要（另起一行）××"这个提示词模板，便可借助 ChatGPT 进行会议纪要内容的创作，具体操作步骤如下。

步骤 01　结合模板在 ChatGPT 的输入框中输入提示词，如图 5.7 所示。

图 5.7　在输入框中输入提示词

步骤 02 按 Enter 键发送，ChatGPT 会根据要求创作会议纪要内容，如图 5.8 所示。

会议纪要

会议主题：提高工作效率

日期：[会议日期]

参与人员：

- 张总
- 王主任
- 小马
- 小侯
- 小高

会议发言及讨论：

1. **张总介绍会议目的：**
   - 张总首先强调了提高工作效率的重要性，并明确了会议的目的是为了找出提高效率的有效方法。
2. **王主任的发言：**
   - 王主任指出了目前部分员工工作效率不高的情况，他提到即便加班，有些事情也难以完成。强调了需要采取措施来改进这种状况。
3. **小马的发言：**
   - 小马作为老员工分享了自己的经验。他建议每天上班前制定清晰的工作计划，明确当天要完成的任务，并留出一定时间处理突发事件。他鼓励团队成员在遇到问题时及时提问。
4. **讨论及总结经验：**
   - 在讨论环节，大家达成以下共识和经验总结：
     4.1. 每天要明确个人任务，确保工作重心清晰。
     4.2. 给突发事件留出一定的时间，不要让其影响正常工作计划。
     4.3. 解决好突发事件后，要快速回归原有工作，确保整体工作进程不受干扰。
     4.4. 遇到难以解决的问题时，要学会主动寻求他人的帮助，团队合作是提高效率的关键。

下一步行动：

- 团队成员将尝试应用这些经验，并在下次会议中分享成果和反馈。

会议记录人：
[记录人姓名]

以上纪要旨在清晰记录会议内容，以方便参与人员回顾讨论结果和采取相应的行动。

图 5.8　ChatGPT 根据要求创作的会议纪要内容

5.2.2　练习实例：工作计划的创作模板

扫码
看视频

工作计划是一份详细规划，用于指导和组织个人或团队在一定时间内要完成的工作任务和目标。通常来说，用户只需使用"请根据提供的信息做一个工作计划（另起一行）××"这个提示词模板，便可借助 ChatGPT 进行工作计划内容的创作，具体操作步骤如下。

步骤 01 在 ChatGPT 的输入框中输入提示词，如"请根据提供的信息做一个工作计划（另起一行）8 点半上班，开会 2 小时，做总结 1.5 小时，午休 2 小时，写稿 4 小时，交稿下班"，如图 5.9 所示。

图 5.9　在输入框中输入提示词

步骤 **02** 按 Enter 键发送，ChatGPT 会根据要求创作工作计划内容，如图 5.10 所示。

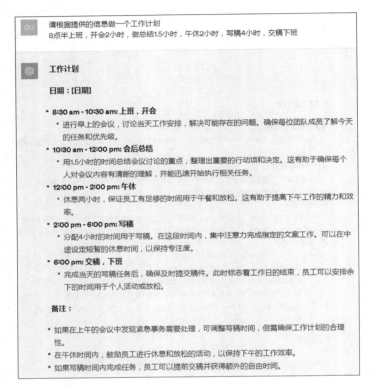

图 5.10　ChatGPT 根据要求创作的工作计划内容

5.2.3　练习实例：邮件撰写的创作模板

扫码
看视频

　　邮件撰写是指通过电子邮件的形式，以文字的方式向他人传达信息、观点或其他沟通目的的过程。邮件撰写需要考虑到沟通的目的、受众、语气和格式，以确保邮件能够达到预期的效果。通常来说，用户只需使用"你是一名××，你需要给××写一封关于××的邮件，邮件内容需要包含××，要求：××"这个提示词模板，便可借助 ChatGPT 进行邮件撰写内容的创作，具体操作步骤如下。

步骤 **01** 在 ChatGPT 的输入框中输入提示词，如"你是一名销售经理，你需要给客户写一封关于年中大促的邮件，邮件内容需要包含活动的大致安排，要求：以邮件的标准格式呈现"，如图 5.11 所示。

你是一名销售经理，你需要给客户写一封关于年中大促的邮件，邮件内容需要包含活动的大致安排，要求：以邮件的标准格式呈现 ← 输入

ChatGPT can make mistakes. Consider checking important information.

图5.11 在输入框中输入提示词

步骤 02 按 Enter 键发送，ChatGPT 会根据要求创作邮件撰写内容，如图 5.12 所示。

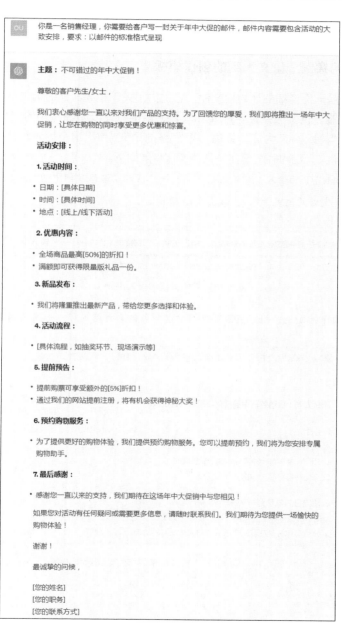

你是一名销售经理，你需要给客户写一封关于年中大促的邮件，邮件内容需要包含活动的大致安排，要求：以邮件的标准格式呈现

主题： 不可错过的年中大促销！

尊敬的客户先生/女士，

我们衷心感谢您一直以来对我们产品的支持。为了回馈您的厚爱，我们即将推出一场年中大促销，让您在购物的同时享受更多优惠和惊喜。

活动安排

1. 活动时间：

* 日期：[具体日期]
* 时间：[具体时间]
* 地点：[线上/线下活动]

2. 优惠内容：

* 全场商品最高[50%]的折扣！
* 满额即可获得限量版礼品一份。

3. 新品发布：

* 我们将隆重推出最新产品，带给您更多选择和体验。

4. 活动流程：

* [具体流程，如抽奖环节、现场演示等]

5. 提前预告：

* 提前购票可享受额外的[5%]折扣！
* 通过我们的网站提前注册，将有机会获得神秘大奖！

6. 预约购物服务：

* 为了提供更好的购物体验，我们提供预约购物服务。您可以提前预约，我们将为您安排专属购物助手。

7. 最后感谢：

* 感谢您一直以来的支持，我们期待在这场年中大促销中与您相见！

如果您对活动有任何疑问或需要更多信息，请随时联系我们。我们期待为您提供一场愉快的购物体验！

谢谢！

最诚挚的问候，

[您的姓名]
[您的职务]
[您的联系方式]

图5.12 ChatGPT 根据要求创作的邮件撰写内容

5.3 学习成长类提示词模板

学习成长通常是指个人或组织在知识、技能、经验和能力方面的不断提升和发展。学习成长是一个持续的过程，它强调了不断学习和适应新情境的重要性。本节将介绍使用提示词模板在ChatGPT中创作学习成长类内容的技巧，帮助大家更加高效地学习，更加快速地成长。

5.3.1 练习实例：论文大纲的创作模板

扫码
看视频

论文大纲是一份详细的计划性文件，它提供了关于将要写作的论文结构和内容的概览。论文大纲通常在实际写作之前准备，以明确写作的方向。通常来说，用户只需使用"请以××为题，提供一个完整的论文大纲"这个提示词模板，便可借助ChatGPT进行论文大纲内容的创作，具体操作步骤如下。

步骤 01 在 ChatGPT 的输入框中输入提示词，如"请以《汉语歌词中的文化符号与社会反映》为题，提供一个完整的论文大纲"，如图 5.13 所示。

图 5.13 在输入框中输入提示词

步骤 02 按 Enter 键发送，ChatGPT 会根据要求创作论文大纲内容，如图 5.14 所示。

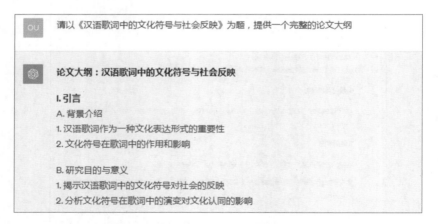

图 5.14 ChatGPT 根据要求创作的论文大纲内容

C. 研究问题和假设

1. 歌词中的文化符号如何反映社会价值观？

2. 文化符号的变迁与社会变革有何关系？

II. 文献综述

A. 汉语歌词研究的历史与现状

B. 文化符号在语言学和文化研究中的地位

C. 先前研究中关于歌词文化符号的主要发现

III. 研究方法

A. 数据收集

1. 选取一定时期内的汉语歌曲作为样本

2. 采用文本分析方法，重点关注文化符号的使用

B. 数据分析

1. 分析歌词中出现的文化符号种类和频率

2. 考察文化符号的语境和隐喻使用

IV. 汉语歌词中的主要文化符号分析

A. 文化符号的类型与表达方式

1. 传统文化符号的延续与创新

2. 当代社会问题在歌词中的表达

B. 文化符号的社会反映

1. 歌词中的文化符号与社会价值观的关系

2. 文化符号对听众文化认同的影响

V. 文化符号的演变与社会变革

A. 不同时期文化符号的比较

1. 历史背景下文化符号的演变

2. 文化符号的时代特征

B. 文化符号变迁与社会变革的关系

1. 社会变革对文化符号的塑造和推动

2. 文化符号变迁对社会认知的影响

VI. 结论

A. 总结研究发现

1. 汉语歌词中文化符号的多样性和复杂性

2. 文化符号对社会的重要反映

B. 研究局限性和展望

1. 数据样本的限制

2. 对于文化符号影响的深入研究的未来建议

VII. 参考文献

VIII. 附录

A. 歌词样本及分析结果

这个大纲提供了对汉语歌词中文化符号与社会反映进行深入研究的框架，包括引言、文献综述、研究方法、具体分析、结论等部分。在实际写作过程中，可以根据研究的深度和广度进行调整和拓展。

图 5.14　（续）

扫码
看视频

5.3.2　练习实例：学习方法的创作模板

　　学习方法是指个体在获取、理解、记忆和应用知识的过程中采用的特定策略和技巧。学习方法有助于提高学习效率和深度，并能够适应不同类型的学科和学习环境。通常来说，用户只需使用"我想更好地学习××，请为我提供一些高效的方法"这个提示词模板，便可借助 ChatGPT 进行学习方法内容的创作，具体操作步骤如下。

步骤 01　在 ChatGPT 的输入框中输入提示词，如"我想更好地学习物理，请为我提供一些高效的方法"，如图 5.15 所示。

图 5.15　在输入框中输入提示词

步骤 02　按 Enter 键发送，ChatGPT 会根据要求创作学习方法内容，如图 5.16 所示。

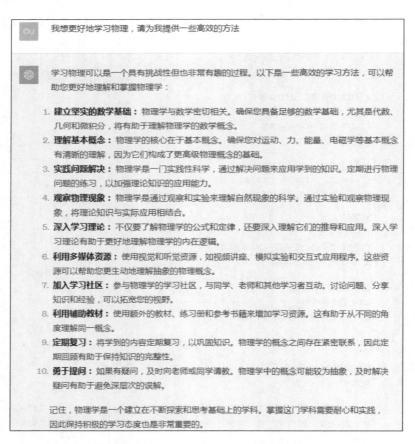

图 5.16　ChatGPT 根据要求创作的学习方法内容

5.3.3 练习实例：考前复习的创作模板

考前复习是指在考试前的一段时间内，学生对所学知识进行系统性的回顾和强化，以便更好地应对即将到来的考试。通常来说，用户只需使用"我马上就要进行××考试了，请为我提供一些高效的考前复习方法"这个提示词模板，便可借助 ChatGPT 进行考前复习内容的创作，具体操作步骤如下。

步骤 01 在 ChatGPT 的输入框中输入提示词，如"我马上就要进行数学考试了，请为我提供一些高效的考前复习方法"，如图 5.17 所示。

图 5.17　在输入框中输入提示词

步骤 02 按 Enter 键发送，ChatGPT 会根据要求创作考前复习内容，如图 5.18 所示。

OU　我马上就要进行数学考试了，请为我提供一些高效的考前复习方法

当考试即将来临时，采取高效的考前复习方法是关键。以下是一些建议，可以帮助您在短时间内进行高效的数学考前复习：

1. **整理重点知识点**：确保您清楚考试的重点和常考知识点。将教材中的重要公式、定理、概念整理成清晰的笔记。
2. **攻克薄弱环节**：针对您在复习过程中发现的薄弱环节，着重进行强化复习。多做一些相关练习和例题，加深对难点的理解。
3. **刷题巩固知识**：多做一些相关类型的题目，特别是近几年的考试真题。这有助于熟悉题型，提高解题速度和准确性。
4. **建立解题思路**：对于不同类型的数学题目，建立一套清晰的解题思路。掌握一些通用的解题技巧，提高解题效率。
5. **利用学习工具**：使用学习工具，如数学软件、在线教程、视频讲座等，来更生动地理解抽象的数学概念。
6. **整理公式与定理**：将重要的公式和定理整理成一张或几张"速查表"，方便在考试中快速查阅和应用。
7. **模拟考试**：在考试前进行模拟考试，模拟真实考试环境，帮助适应考试时间和提高应对考试压力的能力。
8. **注重细节**：注意数学问题中的细节，特别是符号、单位、题干中的条件等。精确的阅读题目有助于正确解答问题。
9. **与同学讨论**：与同学组建学习小组，相互讨论、解答疑惑。通过和他人的交流，可以更全面地理解问题。
10. **休息与调整状态**：在复习过程中合理安排休息时间，保持身体和精神的良好状态。过度疲劳可能会影响学习效果。

记住，考前复习的关键是集中精力攻克重点，系统性地复习，确保对考试范围的全面掌握。祝您考试顺利，取得好成绩！

图 5.18　ChatGPT 根据要求创作的考前复习内容

5.4　商业应用类提示词模板

商业应用是指将科技、软件、信息技术等应用于商业环境中，以提高效率、创造价值、解决问题或实现业务目标的一系列实践。本节将介绍使用提示词模板在ChatGPT中创作商业应用类内容的技巧，帮助我们更好地改善服务质量，取得更强的竞争优势。

5.4.1　练习实例：商业计划书的创作模板

扫码
看视频

商业计划书是商业活动的融资方式之一，主要是以书面报告的形式向投资者展示公司的发展计划和潜力。通常来说，用户只需使用"请提供一份关于××的商业计划书，要求：××"这个提示词模板，便可借助ChatGPT进行商业计划书内容的创作，具体操作步骤如下。

步骤 01　在ChatGPT的输入框中输入提示词，如"请提供一份关于生鲜产品配送的商业计划书，要求：包含商业计划书的基本要素，要点突出，语言简洁"，如图5.19所示。

图5.19　在输入框中输入提示词

步骤 02　按 Enter 键发送，ChatGPT 会根据要求创作商业计划书内容，如图 5.20 所示。

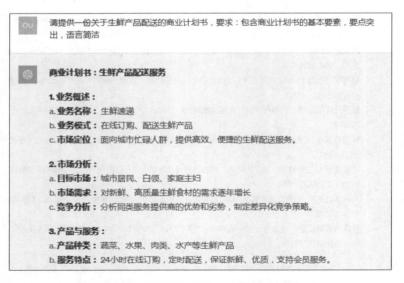

图5.20　ChatGPT 根据要求创作的商业计划书内容

4. 运营计划：
a. **供应链管理：** 与本地农场和供应商建立紧密合作，确保产品新鲜直达。
b. **配送网络：** 建立高效的配送网络，实现快速送达。
c. **信息技术支持：** 利用APP和在线平台接单、管理库存和实现客户沟通。

5. 营销策略：
a. **促销活动：** 新用户首单优惠、会员积分制度等。
b. **市场推广：** 利用社交媒体、本地广告进行品牌推广。

6. 财务规划：
a. **启动资金：** 分析启动资金需求，包括采购、配送车辆、平台开发等。
b. **盈利模式：** 以销售利润为主，考虑会员费和推广收入。

7. 风险分析：
a. **供应链风险：** 建立备用供应商，规避因单一供应商带来的潜在问题。
b. **市场变动风险：** 不断关注市场变化，灵活调整产品种类和定价。

8. 团队组建：
a. **创始团队：** 具备食品行业和物流经验的创始团队。
b. **员工培训：** 建立培训体系，确保配送员熟悉产品和服务标准。

9. 社会责任：
a. **环保倡议：** 推动使用环保包装，减少塑料浪费。
b. **社区参与：** 参与社区活动，建立与当地社区的良好关系。

10. 战略规划：
a. **扩大服务范围：** 根据市场需求逐步扩大服务城市。
b. **增加产品品类：** 根据用户反馈，逐渐引入更多生鲜产品种类。

总结：
通过提供高效便捷的生鲜配送服务，生鲜速递旨在满足现代城市生活快节奏的人们对新鲜食材的需求。我们致力于建立可持续发展的商业模式，创造更健康、便利的生活方式。

图 5.20　（续）

5.4.2　练习实例：4P 营销分析的创作模板

 扫码
看视频

4P营销分析也被称为营销组合分析，是一种用于制定和实施市场营销战略的经典模型。这个模型包括4个核心要素，即产品（Product）、价格（Price）、渠道（Place）和促销（Promotion）。通常来说，用户只需使用"对××进行4P营销分析，要求：××"这个提示词模板，便可借助ChatGPT进行4P营销分析内容的创作，具体操作步骤如下。

步骤 01　在 ChatGPT 的输入框中输入提示词，如 "对某款蓝牙音箱进行 4P 营销分析，要求：要点突出，语言简洁"，如图 5.21 所示。

图 5.21　在输入框中输入提示词

步骤 02　按 Enter 键发送，ChatGPT 会根据要求创作 4P 营销分析内容，如图 5.22 所示。

对某款蓝牙音箱进行4P营销分析，要求：要点突出，语言简洁

产品（Product）：

- **特性**：高保真音质、便携设计、蓝牙5.0连接、防水防尘。
- **品牌**：强调品牌历史和创新技术，塑造高端音响形象。
- **售后服务**：提供长达一年的质保，客户服务热线，保障客户满意度。

价格（Price）：

- **定价策略**：采用市场定价，与竞争对手价格相匹配，同时提供不同版本以满足不同预算。
- **促销**：定期举办折扣活动、套餐优惠，吸引更多消费者。

渠道（Place）：

- **在线销售**：通过自有网站和电商平台进行销售，提供全球配送服务。
- **线下渠道**：与高端音响店、电子零售商建立合作关系，提供实体店展示和销售。

促销（Promotion）：

- **广告宣传**：在社交媒体和音乐平台进行广告投放，强调产品特色和用户体验。
- **合作推广**：与知名音乐人或艺术家合作，进行联名推广，提升品牌知名度。
- **赞助活动**：赞助音乐活动和音乐节，扩大产品曝光度。

这款蓝牙音箱以高端音质和便携性为特色，通过合理的市场定价、多渠道销售和巧妙的促销策略，强调品牌形象，吸引目标消费者，提高市场竞争力。

图 5.22　ChatGPT 根据要求创作的 4P 营销分析内容

5.4.3　练习实例：投资分析报告的创作模板

扫码
看视频

投资分析报告是一份详细研究和评估特定投资机会或资产的文档。通常来说，用户只需使用"现在你是一位资深投资人，请对××进行投资分析，要求：××"这个提示词模板，便可借助 ChatGPT 进行投资分析报告内容的创作，具体操作步骤如下。

步骤 01　在 ChatGPT 的输入框中输入提示词，如"现在你是一位资深投资人，请对某个互联网公司进行投资分析，要求：包含财务状况分析、行业状况分析、公司估值分析"，如图 5.23 所示。

现在你是一位资深投资人，请对某个互联网公司进行投资分析，要求：包含财务状况分析、行业状况分析、公司估值分析 ← 输入

ChatGPT can make mistakes. Consider checking important information.

图 5.23　在输入框中输入提示词

步骤 02　按 Enter 键发送，ChatGPT 会根据输入的关键词创作投资分析报告内容，如图 5.24 所示。

现在你是一位资深投资人，请对某个互联网公司进行投资分析，要求：包含财务状况分析、行业状况分析、公司估值分析

 投资分析报告：互联网公司投资

1.公司概况：

- **公司名称**：XYZ科技有限公司
- **行业**：互联网技术服务
- **成立时间**：2010年
- **主营业务**：提供在线平台服务，专注于数据分析和人工智能技术。

2.行业状况分析：

- **市场趋势**：互联网行业正经历快速增长，特别是在数据分析和人工智能领域，有望在未来几年继续保持高速增长。
- **竞争格局**：行业内存在激烈竞争，但公司凭借技术创新和优质服务在市场上占据一席之地。
- **法规环境**：关注政府对数据隐私和网络安全的监管趋势，以及对人工智能应用的法规规范。

3.财务状况分析：

- **利润表**：近三年净利润呈现稳步增长，2019年至2021年分别为1000万、1500万、2000万。
- **资产负债表**：公司负债较低，资产负债表表现良好，净资产逐年增加。
- **现金流量表**：现金流量充足，公司在运营和投资活动中保持稳健的现金流。

4.公司估值分析：

- **市盈率（P/E Ratio）**：行业平均市盈率为25，公司目前市盈率为20，相对估值较为合理。
- **贴现现金流量估值（DCF）**：根据未来现金流量的贴现值，公司的内在价值为X亿美元，目前市值为Y亿美元，存在一定的增值潜力。
- **比较公司估值**：与同行业竞争对手相比，公司估值相对较低，具有投资吸引力。

5.风险与挑战：

- **市场竞争**：行业竞争激烈，公司需要不断创新和提升核心竞争力。
- **技术风险**：依赖于先进的数据分析和人工智能技术，技术更新和变革可能对业务产生重大影响。
- **法规变化**：随着数据隐私和网络安全法规的变化，公司需要及时调整业务模式以符合法规要求。

6.投资建议：

- **评级**：推荐买入
- **理由**：公司在增长迅速的互联网行业中具有强大的财务状况和技术实力，相对低估的估值为投资者提供了良好的入场机会。

结论：
基于公司在行业内的领先地位、良好的财务状况和合理的估值，XYZ科技有限公司是一家值得投资的潜在机会。然而，投资者应密切关注行业和公司面临的风险，并保持对市场变化的敏感性。

图5.24 ChatGPT根据输入的关键词创作的投资分析报告内容

5.5 综合实例：创作一个招聘启事并生成对应的面试题

用户如果要招聘新员工，可以先用 ChatGPT 创作一个招聘启事，然后再根据招聘启事生成相对应的面试题，为招聘做好充分的准备，具体操作步骤如下。

步骤 01 在 ChatGPT 的输入框中输入提示词，如"我想招聘 3 名服装销售员，请结合该岗位的必备技能，提供一则招聘启事"，获得 ChatGPT 创作的招聘启事，如图 5.25 所示。

> **OU** 我想招聘3名服装销售员，请结合该岗位的必备技能，提供一则招聘启事
>
> **招聘启事：服装销售员**
>
> 公司简介：
> 我们是一家专注于时尚潮流的服装零售公司，致力于为客户提供独特、高品质的时尚产品。
> 为了满足业务拓展的需要，现拟招聘3名服装销售员加入我们的团队。
>
> **职位：服装销售员（3名）**
>
> **工作地点：**[具体地址]
>
> **岗位职责：**
>
> 1. 热情接待顾客，了解并满足其购物需求。
> 2. 主动介绍并推荐最新的服装潮流和产品。
> 3. 提供专业的搭配建议，帮助顾客挑选合适的服装。
> 4. 维护店面陈列整齐有序，保持良好的销售环境。
> 5. 积极参与促销活动，提升销售额和客户满意度。
>
> **职位要求：**
>
> 1. 具备一年以上服装零售或相关销售经验。
> 2. 热爱时尚，对服装搭配有敏锐的观察力和独特的审美眼光。
> 3. 具备良好的沟通能力和服务意识，能够提供优质的购物体验。
> 4. 具备团队协作精神，能够在高压下保持积极的工作态度。
> 5. 熟练使用基本的计算机办公软件。
>
> **福利待遇：**
>
> 1. 提供良好的培训体系，提升个人销售技能和时尚搭配能力。
> 2. 薪资待遇：底薪+销售提成，薪资优厚，表现优秀者有晋升机会。
> 3. 提供员工购物折扣，享受公司购物福利。
>
> **应聘方式：**
> 有意者请将个人简历及近照发送至[招聘邮箱]，邮件主题注明"服装销售员申请 - 姓名"。我们
> 将在收到申请后尽快联系合适的候选人进行面试。
>
> 欢迎热爱时尚、充满活力的你加入我们，一同打造时尚潮流的购物体验！

图 5.25 获得 ChatGPT 创作的招聘启事

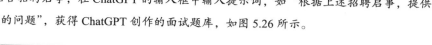
步骤 02 结合招聘启事，在 ChatGPT 的输入框中输入提示词，如"根据上述招聘启事，提供面试时常问的问题"，获得 ChatGPT 创作的面试题库，如图 5.26 所示。

> OU 根据上述招聘启事，提供面试时常问的问题
>
> 在招聘服装销售员的面试中，面试官可能会提出一系列问题，以了解应聘者的能力、经验和适应性。以下是一些常见的面试问题，适用于招聘服装销售员的场景：
>
> 1. 请简要介绍一下你的服装零售或销售经验。
> 2. 你是如何跟顾客建立良好关系的？能分享一个成功的销售经验吗？
> 3. 你对时尚潮流有哪些了解？如何保持对时尚趋势的敏感性？
> 4. 在服装销售中，你是如何提供个性化的购物建议的？举例说明一次成功的搭配经验。
> 5. 在高峰销售时，你是如何处理多任务和高压的工作环境的？
> 6. 你认为提供良好的客户服务有哪些重要因素？
> 7. 你是如何处理客户投诉或不满意的情况的？
> 8. 团队协作对于成功的销售团队有多重要？你在以往工作中的团队协作经验是什么？
> 9. 在不同的销售季节，你是如何调整销售策略的？
> 10. 你对公司的产品和品牌有什么了解？为什么选择加入我们公司？
> 11. 你对销售目标和销售提成的看法是什么？
> 12. 你如何管理自己的时间以确保完成销售任务并保持店面整洁？
> 13. 你认为在服装销售中最重要的是什么品质？
> 14. 在你看来，什么是一个成功的销售团队？
> 15. 你如何看待持续学习和提升销售技能的重要性？
>
> 这些问题旨在了解应聘者的销售技能、服务意识、团队协作能力以及对时尚和产品的了解。准备这些问题的答案能够帮助应聘者在面试中展现出自己的优势和适应性。

图 5.26　获得 ChatGPT 创作的面试题库

本 章 小 结

本章主要从 ChatGPT 的求职招聘、职场效率、学习成长和商业应用这 4 个方面展开，并配备了相关的综合实例。希望读者在学完本章的内容之后，能够借助 ChatGPT 快速创作出相应的内容，有效地提高工作和学习的效率。

课 后 习 题

1. 让 ChatGPT 提供一些学习化学的方法，效果如图 5.27 所示。

我想更好地学习化学，请为我提供一些高效的方法

学习化学可以有计划地结合多种方法，以提高理解和记忆的效果。以下是一些高效的学习方法：

1. **理清基础概念：** 在深入学习之前，确保对基础概念有清晰的理解。学习化学的层次性很强，对基本概念的掌握是建立更深层次知识的基础。
2. **采用多媒体资源：** 利用图书、视频、在线课程等多种资源来学习。这有助于以不同的方式接触和理解概念，增强记忆效果。
3. **实践问题解决：** 做大量的练习题，尤其是涉及不同概念和难度级别的题目。这有助于将理论知识应用到实际问题中，并提高解决问题的能力。
4. **制作笔记和图表：** 制作个人笔记，整理并绘制图表，有助于整理和加深学习内容。通过书写，你可以更好地记忆和理解知识点。
5. **参与小组学习：** 加入学习小组，与同学共同讨论问题，分享理解和解答疑惑。与他人交流可以加深对知识的理解，并从不同角度看待问题。
6. **寻求帮助：** 如果遇到难以理解的概念，及时向老师、同学或在线社区请教。对于学术性问题，及时解决疑虑有助于避免对后续知识的理解产生困扰。
7. **利用实验和实际应用：** 如果有机会，进行实验操作。实际操作可以帮助巩固理论知识，同时让学习更生动有趣。
8. **定期复习：** 避免临时抱佛脚，定期复习已学内容。这有助于巩固记忆，确保长期记忆效果。
9. **深入了解兴趣领域：** 如果可能，深入了解化学领域的具体应用和研究方向，这有助于激发学习的兴趣。
10. **利用在线学习资源：** 探索在线学习平台，如Coursera、edX等，寻找与化学相关的免费或付费课程，丰富知识储备。

记住，学习是一个持续的过程，需要耐心和坚持。制定明确的学习计划，并根据个人学习习惯不断调整，有助于提高学习效果。

图 5.27　ChatGPT 提供的一些学习化学的方法

2. 让 ChatGPT 对某款共享电动车进行 4P 营销分析，效果如图 5.28 所示。

 对某款共享电动车进行4P营销分析，要求：要点突出，语言简洁

 共享电动车 4P 营销分析

1. 产品（Product）：

- **特性：** 高性能电池、智能导航系统、可拆卸座椅、快速充电功能。
- **品牌：** 强调绿色、便捷、智能出行，突出环保和科技感。
- **安全性：** 配备智能防盗系统、LED灯光，提高夜间行驶的可见性。

2. 价格（Price）：

- **灵活计费：** 采用按照使用时间和里程计费，灵活满足用户不同需求。
- **会员套餐：** 提供会员制度，享受更低的使用费用和独家优惠。
- **押金优惠：** 推出押金返还政策，吸引更多新用户注册。

3. 渠道（Place）：

- **城市覆盖：** 在繁华城市建立多个停车点，覆盖商业区、居民区和交通枢纽。
- **APP平台：** 用户通过手机APP实现电动车的定位、解锁和支付，提高租车便捷度。
- **合作伙伴：** 与城市公共交通、共享单车等合作，形成多元化出行解决方案。

图 5.28　ChatGPT 对某款共享电动车创作的 4P 营销分析

4. 促销（Promotion）：

- **首次免费骑行：** 推出首次注册用户免费骑行的活动，吸引新用户尝试。
- **推荐返利：** 通过推荐新用户注册，享受骑行折扣或返现优惠。
- **社交媒体宣传：** 在社交媒体平台展示用户分享的绿色出行生活，增加品牌曝光。

总结：

该共享电动车通过高性能产品、灵活计费和便捷的使用方式，以绿色、智能、便捷为品牌形象，通过灵活的价格策略和广泛的城市渠道，吸引用户并建立品牌认知。促销活动和社交媒体宣传有助于扩大用户群体，提高品牌影响力。

图 5.28　（续）

ChatGPT＋AI营销文案写作实战 第 **6** 章

营销类文案是指用于产品推广、品牌宣传、企业营销等活动的文字内容，旨在用文字打动人心，促使消费者产生购买力的决策。在 ChatGPT 的帮助下，创作者可以高效地完成营销类文案的写作。本章将介绍使用 ChatGPT 生成营销类文案的操作方法。

◀≫ 本章重点

- 综合实例：使用 ChatGPT 生成图书宣传文案
- 综合实例：使用 ChatGPT 生成产品推广文案
- 综合实例：使用 ChatGPT 生成报纸广告文案
- 综合实例：使用 ChatGPT 生成电视广告文案
- 综合实例：使用 ChatGPT 生成网络广告文案
- 综合实例：使用 ChatGPT 生成户外广告文案

6.1 综合实例：使用ChatGPT生成图书宣传文案

为了更好地掌握使用ChatGPT生成图书宣传文案的方法，本节将拆分操作步骤并进行详细讲解。在学习的过程中可以温习这些操作方法，并举一反三，根据自身需求生成图书宣传文案。

6.1.1 练习实例：图书的亮点归纳

扫码
看视频

图书亮点是宣传文案中最为精华的内容，因此在生成图书宣传文案时，往往需要先归纳图书的亮点。下面将介绍使用ChatGPT归纳图书亮点的操作方法。

步骤 01 在ChatGPT的输入框中输入提示词，如"我需要对图书的亮点进行归纳，你有什么好的建议吗？"，向ChatGPT寻求方法，如图6.1所示。

> OU　我需要对图书的亮点进行归纳，你有什么好的建议吗？
>
> 对图书的亮点进行归纳是一种有益的学习和阅读方法，它可以帮助你更好地理解和记忆书中的关键信息。以下是一些建议，帮助你归纳一本书的亮点：
>
> 1. 阅读完整书籍：首先，确保你已经完整地阅读了整本书，以便理解全局内容和主题。
> 2. 突出重要信息：在阅读书籍时，用不同的方式标记或突出重要的段落、句子、关键术语或观点。这可以是在书中划线、做笔记或使用书签。
> 3. 制定提纲：为了归纳书的亮点，你可以创建一个提纲，列出书中的各个章节或部分，并在每个章节下添加关键点或亮点。
> 4. 总结关键观点：对于每个章节或部分，写下书中的关键观点、主题或信息。这有助于你更好地理解作者的意图。
> 5. 识别主题：尝试识别书中的主题或中心思想。这有助于你抓住书的核心亮点。
> 6. 引用和举例：在归纳中引用书中的重要句子、段落或示例，以支持你的归纳。
> 7. 比较与对比：如果书中包含了对不同观点或理论的讨论，尝试比较和对比它们，以突出书中的亮点。
> 8. 强调作者的声音：如果书中有作者的特定声音、风格或观点，确保在归纳中反映出来。
> 9. 提问和回答：提出问题，并在归纳中回答这些问题。这有助于深入思考书中的内容。
> 10. 综合归纳：最后，将每个章节或部分的亮点整合在一起，以创建一份全面的书籍归纳。
> 11. 简洁明了：归纳应该尽量简洁明了，重点突出书中最重要的信息和观点。
> 12. 反思和讨论：最后，反思书中的亮点，思考它们如何与你的理解、经验或其他书籍相关联。如果有机会，与他人讨论这些亮点，以加深理解。
>
> 以上建议可以根据你的个人偏好和目的进行调整。归纳是一种有助于记忆和理解的强大工具，可以帮助你更好地掌握书籍的亮点和核心概念。

图6.1 ChatGPT提供归纳图书亮点的建议

步骤 02 在同一个聊天窗口中继续输入提示词，如"请根据以上建议，结合以下信息归纳图书的亮点：（另起一行）图书信息×××"，让ChatGPT在充分了解图书的基础上对该图书亮点进行归纳；然后按Enter键发送，ChatGPT会根据要求对图书的亮点进行归纳，如图6.2所示。

请根据以上建议，结合以下信息归纳图书的亮点：

一本ChatGPT实战应用教程，全书分为基础操作方法和应用实战两个部分，内容全面，实用性强

根据提供的图书信息，我可以帮助你归纳该图书的亮点：

1. 书名和分为两个部分：该书的标题暗示了它是一本关于ChatGPT实战应用的教程。分为基础操作方法和应用实战两个部分，这有助于读者逐步学习和应用ChatGPT技术。
2. 实用性强：该书强调了实用性，这意味着读者可以从中获得可立即应用的知识和技能，而不仅仅是理论性的信息。
3. 全面的内容：书籍内容全面，涵盖了ChatGPT的基础操作方法和实际应用。这使读者可以从理解基础概念到实际运用中获取综合知识。
4. 提供基础操作方法：书中包括了ChatGPT的基础操作方法，这对于初学者来说是非常重要的，它们为读者提供了入门的机会。
5. 提供应用实战：书中提供了应用实战的部分，这对于那些希望深入了解如何在实际项目中使用ChatGPT的读者来说非常有价值。这可以帮助他们应用所学知识解决实际问题。
6. 强调实际应用：书中强调了实际应用，这有助于读者将所学的概念转化为实际项目和任务中的解决方案。

这个归纳可以帮助你了解这本书的主要特点和目标受众，但要更详细地了解书中的具体亮点，你需要进一步深入阅读该书。

图6.2　ChatGPT根据要求对图书亮点进行归纳

步骤 03 在同一个聊天窗口中继续输入提示词，如"请汇总这些图书亮点，并用 15 个字左右的句子一一列出"；然后按 Enter 键发送，ChatGPT 会对图书的亮点进行汇总，如图 6.3 所示。

请汇总这些图书亮点，并用15个字左右的句子一一列出

以下是该图书的亮点，每个都用大约15个字的句子表述：

1. 强调实际应用性，关注可操作的ChatGPT应用。
2. 分为基础操作与应用实战两部分，涵盖全面知识。
3. 提供ChatGPT基础操作指南，适合初学者。
4. 提供实际应用案例，深化对技术的理解。
5. 强调问题解决，将知识应用于实际项目。

图6.3　ChatGPT对图书的亮点进行汇总

6.1.2　练习实例：目标受众的分析

扫码
看视频

　　目标受众是写作宣传文案的重要因素之一，结合图书的亮点，可以让 ChatGPT 分析图书的目标受众，以便精准对标消费者，实现图书的有效销售。下面将介绍使用 ChatGPT 分析图书目标受众的操作方法。

步骤 01 在 ChatGPT 的输入框中输入提示词，如"请根据图书的以下亮点分析它的目标受众：（另起一行提供图书亮点）"；然后按 Enter 键发送，ChatGPT 会分析出图书的目标受众，如图 6.4 所示。

> **OU** 请根据图书的以下亮点分析它的目标受众：
> 强调实际应用性，关注可操作的ChatGPT应用。
> 分为基础操作与应用实战两部分，涵盖全面知识。
> 提供ChatGPT基础操作指南，适合初学者。
> 提供实际应用案例，深化对技术的理解。
> 强调问题解决，将知识应用于实际项目。
>
> 基于提供的亮点，可以分析该图书的目标受众：
>
> 1. 初学者：由于提供了ChatGPT的基础操作指南，适合那些对这一技术不太熟悉的人，因此初学者是该书的一个目标受众。
> 2. 技术实践者：针对那些希望深入了解如何将ChatGPT应用于实际项目的技术实践者，提供了实际应用案例。这一群体寻求将技术应用于实际问题，因此该书可以满足他们的需求。
> 3. 跨领域从业者：这本书强调实际应用和问题解决，因此吸引了跨领域从业者，不仅限于纯粹的技术领域，还包括那些希望应用ChatGPT解决实际问题的人。
>
> 总之，该书的目标受众主要包括初学者、技术实践者和跨领域从业者，他们寻求在ChatGPT技术方面获得全面的知识，并将其应用于实际项目中。

图6.4　ChatGPT分析出图书的目标受众

步骤 02 在同一个聊天窗口中继续输入提示词，如"请再结合该图书的用途，深入分析其目标受众"；然后按 Enter 键发送，ChatGPT 会深入分析图书的目标受众，如图 6.5 所示。

> **OU** 请再结合该图书的用途，深入分析其目标受众
>
> 根据该图书的亮点和用途，可以更深入地分析其目标受众：
>
> 1. 初学者（新手）：该书提供了ChatGPT的基础操作指南，因此初学者，特别是那些对ChatGPT技术不熟悉的人，是主要受众之一。他们可能是初次接触这一领域的人，需要从基础开始学习如何使用ChatGPT。
> 2. 技术实践者：该书提供了实际应用案例，深化了对ChatGPT技术的理解。技术实践者，如数据科学家、工程师和开发人员，寻求将ChatGPT技术应用于实际项目，因此他们会从书中的实际应用示例中受益。
> 3. 创业者和业务从业者：由于该书强调问题解决和实际应用，创业者和业务从业者也可能是潜在的受众。他们可能希望了解如何在其业务中利用ChatGPT技术，解决各种问题，提高效率，或开发新的产品和服务。
> 4. 跨领域专家：由于ChatGPT技术可以在多个领域中应用，跨领域专家，如医疗保健、金融、法律等，可能会寻求了解如何将ChatGPT用于他们特定领域的应用。这本书提供的实际案例和问题解决方法可以满足他们的需求。
>
> 总的来说，该书的目标受众包括初学者、技术实践者、创业者、业务从业者和跨领域专家。他们共同的兴趣点是学习如何使用ChatGPT技术，并将其应用于解决实际问题和项目中。

图6.5　ChatGPT深入分析图书的目标受众

6.1.3　练习实例：文案标题的生成

用户在使用ChatGPT撰写图书宣传文案时，可以先明确文案的标题，然后围绕标题展开文案内容。下面将介绍使用ChatGPT生成图书宣传文案标题的操作方法。

 步骤 01 在 ChatGPT 的输入框中输入提示词，如"请列出有吸引力的宣传文案标题的类型"；然后按 Enter 键发送，ChatGPT 会提供文案标题的类型，如图 6.6 所示。

> **OU**　请列出有吸引力的宣传文案标题的类型
>
> 以下是一些吸引人的宣传文案标题类型：
>
> 1. **问题解决型**：这些标题强调产品或服务解决的具体问题，例如，"解锁你的最佳生产力"或"忘记电池低电量的烦恼"。
> 2. **好处突出型**：这种类型的标题强调产品或服务提供的好处，例如，"拥有光滑肌肤，从现在开始"或"省时、省钱的智能家居解决方案"。
> 3. **免费或折扣型**：这些标题强调免费赠品、折扣或特别优惠，例如，"立即购买，享受50%折扣"或"免费试用一个月"。
> 4. **奇特或引人入胜型**：这种类型的标题引起好奇心，激发人们的兴趣，例如，"揭示行业秘密"或"探索未知的世界"。
> 5. **社会证明型**：这些标题侧重于社会证明和客户满意度，例如，"数千人信任我们的产品"或"客户爱不释手的明星产品"。
> 6. **情感型**：这些标题在情感上连接读者，例如，"创造永恒的回忆"或"让你的心灵自由飞翔"。
> 7. **问题引导型**：这些标题以问题开始，然后提供产品或服务作为解决方案，例如，"厌倦了停车问题吗？我们有解决方案。"
> 8. **激发行动型**：这些标题鼓励读者采取具体行动，例如，"立即订购，改变你的生活"或"点击这里，开始你的冒险之旅"。
> 9. **权威型**：这些标题利用权威性，例如，"业内领袖的首选"或"专家推荐"。
> 10. **故事型**：这些标题讲述一个故事，激发共鸣，例如，"从失败到成功的真实故事"或"一个人的使命改变世界"。
>
> 不同类型的宣传文案标题适用于不同的情境和受众，根据产品、目标受众和营销策略选择最合适的类型。

图 6.6　ChatGPT 提供的文案标题的类型

步骤 02 在同一个聊天窗口中继续输入提示词，如"请结合以上标题类型，创作出 ChatGPT 实战应用教程的宣传文案标题"；然后按 Enter 键发送，ChatGPT 会根据要求创作宣传文案标题，如图 6.7 所示。

步骤 03 在同一个聊天窗口中继续输入提示词，如"请优化以上标题，创新表达形式，让标题更容易脱颖而出"；然后按 Enter 键发送，ChatGPT 会根据要求对文案标题进行优化，如图 6.8 所示。

请结合以上标题类型，创作出ChatGPT实战应用教程的宣传文案标题

当结合上述标题类型，可以为ChatGPT实战应用教程创作多个吸引人的宣传文案标题：

1. **问题解决型**："解锁创意潜力：ChatGPT实战应用教程助您超越写作难题"
2. **好处突出型**："提升工作效率：ChatGPT实战应用教程，解锁无限创造力"
3. **免费或折扣型**："特别优惠：ChatGPT实战应用教程首月免费试用"
4. **奇特或引人入胜型**："ChatGPT：解码AI写作魔法的秘密"
5. **社会证明型**："成千上万人信任的ChatGPT实战应用教程"
6. **情感型**："创造有力情感连接：ChatGPT实战应用教程"
7. **问题引导型**："厌倦了写作难题吗？ChatGPT实战应用教程解决方案"
8. **激发行动型**："改变写作游戏规则：点击立即开始ChatGPT实战之旅"
9. **权威型**："行业领袖推荐：ChatGPT实战应用教程为您呈现"
10. **故事型**："从初学者到大师：ChatGPT实战应用教程的转变之旅"

这些标题类型可以根据目标受众和营销策略的需要进行选择，以吸引潜在读者并传达课程的价值。

图6.7　ChatGPT 根据要求创作的宣传文案标题

请优化以上标题，创新表达形式，让标题更容易脱颖而出

当结合上述标题类型，可以创作一些创新而引人注目的宣传文案标题：

1. **问题解决型**："ChatGPT实战应用教程：消除创作障碍，点燃创意火花"
2. **好处突出型**："ChatGPT实战应用教程：超越文字，创造无限可能"
3. **免费或折扣型**："ChatGPT实战应用教程：首月免费，拓宽写作领域"
4. **奇特或引人入胜型**："ChatGPT：AI笔下奇妙旅程，文字背后的魔法"
5. **社会证明型**："ChatGPT实战应用教程：全球数千满意用户的不二之选"
6. **情感型**："ChatGPT实战应用教程：创造情感共鸣的文笔之友"
7. **问题引导型**："ChatGPT实战应用教程：告别写作瓶颈，开启新篇章"
8. **激发行动型**："ChatGPT实战应用教程：立即行动，点亮创作旅程"
9. **权威型**："ChatGPT实战应用教程：权威推荐，AI写作精品"
10. **故事型**："ChatGPT实战应用教程：由初学者到大师的AI写作故事"

这些创新的表达形式强调了ChatGPT实战应用教程的独特性和吸引力，有助于吸引目标读者的注意。

图6.8　ChatGPT 根据要求对文案标题进行优化

6.1.4　练习实例：文案内容的撰写

扫码
看视频

　　用户将以上汇总的图书亮点、确定好的目标受众和文案标题提供给ChatGPT，可以为ChatGPT撰写图书宣传文案提供依据。下面将介绍使用ChatGPT撰写图书宣传文案的操作步骤。

步骤 01 在 ChatGPT 的输入框中输入提示词，如"请根据以下图书信息撰写抖音宣传文案：（另起一行）图书信息：×××"，按 Enter 键发送，让 ChatGPT 撰写图书的抖音宣传文案，如图 6.9 所示。

OU　请根据以下图书信息撰写抖音宣传文案：
图书信息：
一本ChatGPT实战应用教程，全书分为基础操作方法和应用实战两个部分，内容全面，实用性强
图书亮点：
强调实际应用性，关注可操作的ChatGPT应用。
分为基础操作与应用实战两部分，涵盖全面知识。
提供ChatGPT基础操作指南，适合初学者。
提供实际应用案例，深化对技术的理解。
强调问题解决，将知识应用于实际项目。
图书目标受众：
初学者（新手）：该书提供了ChatGPT的基础操作指南，因此初学者，特别是那些对ChatGPT技术不熟悉的人，是主要受众之一。他们可能是初次接触这一领域的人，需要从基础开始学习如何使用ChatGPT。
技术实践者：该书提供了实际应用案例，深化了对ChatGPT技术的理解。技术实践者，如数据科学家、工程师和开发人员，寻求将ChatGPT技术应用于实际项目，因此他们会从书中的实际应用示例中受益。
创业者和业务从业者：由于该书强调问题解决和实际应用，创业者和业务从业者也可能是潜在的受众。他们可能希望了解如何在其业务中利用ChatGPT技术，解决各种问题，提高效率，或开发新的产品和服务。
跨领域专家：由于ChatGPT技术可以在多个领域中应用，跨领域专家，如医疗保健、金融、法律等，可能会寻求了解如何将ChatGPT用于他们特定领域的应用。这本书提供的实际案例和问题解决方法可以满足他们的需求。
文案标题：
ChatGPT实战应用教程：消除创作障碍，点燃创意火花

绝妙，以下是一段适用于抖音的宣传文案：

📖 ChatGPT实战应用教程：消除创作障碍，点燃创意火花 🚀💡

★ 你曾因创作难题而烦恼吗？ChatGPT实战应用教程，帮你轻松解锁创作潜力！

🔥 亮点一：实际应用性！
ChatGPT不再是未知的领域，我们将教你如何在实际项目中应用它，解决实际问题，点燃创意火花。

🔥 亮点二：基础操作与应用实战！
分为基础操作与应用实战两部分，为初学者提供基础指南，也为专家提供深度知识，全方位满足你的需求。

🔥 亮点三：适合初学者！
即使你对ChatGPT一无所知，我们的基础操作指南也能帮助你轻松入门，开始创作旅程。

🔥 亮点四：深化技术理解！
我们提供实际应用案例，帮助技术实践者更深入地理解ChatGPT，助你应用于实际项目。

🔥 亮点五：问题解决重点！
ChatGPT实战应用教程关注问题解决，无论你是创业者、业务从业者还是跨领域专家，都能将知识应用到实际项目中。

无论你是初学者、技术实践者、创业者还是跨领域专家，这本教程都将帮助你消除创作障碍，点燃创意火花！🎬💡 #AI写作 #ChatGPT #实战教程

图6.9　ChatGPT撰写的图书抖音宣传文案

步骤 02 单击已发送的提示词中的 按钮，调整提示词，撰写其他平台的宣传文案。如将提示词调整为"请根据以下图书信息撰写微信公众号宣传文案：（另起一行）图书信息：×××"，单击 Save & Submit 按钮，让 ChatGPT 撰写图书的微信公众号宣传文案，如图 6.10 所示。

> ChatGPT实战应用教程：点燃创作激情，解锁AI写作技能！📔👆
>
> 文案内容：
>
> 📖想要掌握ChatGPT技术，实际应用于你的项目吗？
> 📣无论你是初学者、技术实践者、创业者还是跨领域专家，我们都有你需要的！
>
> ✨亮点一：实际应用性！
> ChatGPT实战教程强调可操作性，帮助你将AI写作技术应用到实际项目中，解决问题，提高效率。
>
> ✨亮点二：基础操作与应用实战！
> 分为基础操作与应用实战两部分，全面涵盖ChatGPT知识，无论你是初学者还是专家，都会受益匪浅。
>
> ✨亮点三：适合初学者！
> 提供ChatGPT基础操作指南，帮助初学者轻松入门，从零开始掌握这一领域的技术。
>
> ✨亮点四：深化技术理解！
> 我们提供实际应用案例，帮助技术实践者深化对ChatGPT技术的理解，让你可以运用它来解决实际问题。
>
> ✨亮点五：问题解决重点！
> ChatGPT实战应用教程强调问题解决，帮助创业者和业务从业者在实际项目中应用知识，创造解决方案。
>
> 无论你是初学者，技术实践者，创业者还是跨领域专家，这本教程都将帮助你掌握ChatGPT，让你在AI写作领域脱颖而出！🚀💡 #AI写作 #ChatGPT #实战教程

图6.10 ChatGPT 撰写的图书微信公众号宣传文案

6.1.5 练习实例：文案内容的优化

扫码
看视频

从 6.1.4 小节可以看出，ChatGPT 初次生成的图书宣传文案虽然在内容上介绍得十分全面，但在遣词造句、文案结构上欠缺了生动性和灵活性，容易给人生硬的感觉。这样的文案在实际传播中的效果会稍逊色，因此有必要对 ChatGPT 生成的图书宣传文案进行优化。不同的文案结合平台的特征和受众的喜好有不同的优化方式，下面介绍优化图书宣传文案的操作方法。

步骤 01 打开 ChatGPT 生成抖音宣传文案的聊天窗口，在输入框中输入提示词，如"请从抖音专业运营博主的角度出发，给这篇宣传文案提出一些修改意见"；然后按 Enter 键发送，ChatGPT 会给出宣传文案的修改意见，如图 6.11 所示。

请从抖音专业运营博主的角度出发，给这篇宣传文案提出一些修改意见

从抖音专业运营博主的角度出发，以下是一些修改意见，以优化这篇宣传文案，使其更适应抖音平台的特点：

1. **简洁明了：** 抖音的视频文案需要更加简洁和直接。尽量缩减文字，使信息更清晰、易于阅读和理解。避免使用过多的长句和复杂的表述。
2. **引入视觉元素：** 抖音是一个视觉平台，因此考虑在视频中添加相关的图像、GIF、视频剪辑或动画，以吸引更多的视觉注意力。这些元素可以在文案中提到的亮点或关键信息旁边展示。
3. **使用话题标签：** 在抖音上使用相关的话题标签，以增加你的视频的可见性。确保使用与ChatGPT、AI写作和教育相关的热门话题标签，使更多用户可以发现你的视频。
4. **添加音乐和声音效果：** 抖音视频通常包括音乐或声音效果，这可以增强观看的愉悦度。考虑在视频中添加适当的音乐或声音，以提升用户体验。
5. **突出关键信息：** 在短视频中，确保关键信息在文案中突出显示。强调课程的亮点、目标受众和独特卖点。
6. **提供互动元素：** 鼓励观众与你互动，可以在视频中提出问题、邀请评论或分享自己的经验。抖音用户更喜欢参与互动的内容。
7. **制定强烈的呼吁行动：** 最后，确保文案结束部分包含一个强烈的呼吁行动，告诉观众下一步应该做什么，如点击链接、关注你的账号或分享视频。

综上所述，通过简洁的文案、视觉元素、音乐、互动性和强烈的呼吁行动，你可以更好地适应抖音平台的特点，吸引更多观众，并提高视频的吸引力。

图 6.11　ChatGPT 给出的宣传文案修改意见

步骤 02 在同一个聊天窗口中继续输入提示词，如"请根据以上修改意见，对抖音宣传文案进行修改"；然后按 Enter 键发送，ChatGPT 会按照要求修改抖音宣传文案，如图 6.12 所示。

图 6.12　ChatGPT 按照要求修改抖音宣传文案

步骤 03 单击回复内容右侧的 Copy code 按钮，将修改后的抖音宣传文案粘贴到记事本中，如图 6.13 所示。用户可以将记事本文件保存起来，以备后用。

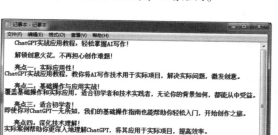

图6.13　将修改后的抖音宣传文案粘贴到记事本中

▶ **温馨提示**

除了生成宣传文案外，用户还可以让 ChatGPT 提出相关的建议。例如，在输入框中输入提示词"请提供这篇宣传文案的时间节奏设计方案、音乐和特效建议，要符合抖音平台的视频风格"，让 ChatGPT 给出该宣传文案制作抖音视频的建议。

 扫码
看视频

6.2　综合实例：使用 ChatGPT 生成产品推广文案

产品推广文案通常是指用于概括产品亮点、展示产品优势的文本，旨在通过文字打动消费者，提高产品的销量。在 ChatGPT 的帮助下，用户可以迅速获得推广文案，从而增加产品的影响力和销量。本节将介绍使用 ChatGPT 生成产品推广文案的操作步骤。

步骤 01 在 ChatGPT 的输入框中输入提示词，如"某款手机的特点是长时间续航、机身轻薄、防水防尘，请结合手机的目标受众，分析出这款手机的卖点"；然后按 Enter 键发送，ChatGPT 会总结出某款手机的卖点，如图 6.14 所示。

> OU　某款手机的特点是长时间续航、机身轻薄、防水防尘，请结合手机的目标受众，分析出这款手机的卖点
>
> 　　这款手机的特点包括长时间续航、机身轻薄和防水防尘，这些特性可以根据不同的目标受众提供多个卖点：
>
> 　　1. **商务人士**：对于那些需要长时间在外工作或出差的商务人士，长时间续航是一个重要卖点。他们可以放心使用手机，而无需频繁充电，从而提高工作效率。
> 　　2. **旅行者**：旅行者通常需要便携的设备，轻薄的机身使手机容易携带，而防水防尘的特性可以确保手机在各种环境下都能正常工作，包括在雨天或沙滩度假中。

图6.14　ChatGPT 总结出某款手机的卖点

3. **户外爱好者**：对于喜欢户外活动的人来说，防水防尘是一个关键卖点。他们可以在徒步旅行、露营或水上活动中安心使用手机，而不必担心受到自然元素的影响。
4. **学生和年轻人**：轻薄的机身和长时间续航对于学生和年轻人来说也非常吸引人。他们可以轻松携带手机，同时享受长时间的娱乐和社交媒体体验。
5. **职业摄影师和创作者**：防水防尘功能对于那些需要拍摄户外或在恶劣天气条件下工作的职业摄影和创作者来说非常有价值。他们可以拍摄出色的照片和视频，而不必担心设备损坏。

综合考虑，这款手机的卖点是适用于多个目标受众，提供长时间续航、轻薄的机身和防水防尘功能，以满足各种不同用户的需求。这款手机的设计和功能使其成为一个适用于多种生活方式和使用情境的理想选择。

图 6.14 （续）

步骤 02 在同一个聊天窗口中继续输入提示词，如"请根据这款手机的卖点，创作一篇推广文案"；然后按 Enter 键发送，ChatGPT 会生成某款手机的推广文案，如图 6.15 所示。

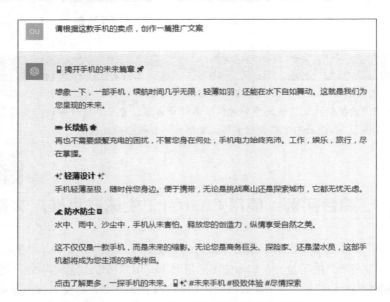

图 6.15 ChatGPT 生成的某款手机的推广文案

步骤 03 在同一个聊天窗口中继续输入提示词，如"请修改以上推广文案，采用简洁、专业的写作风格，并适当地运用修辞手法来描述手机的亮点"；然后按 Enter 键发送，ChatGPT 会按照要求修改某款手机的推广文案，如图 6.16 所示。

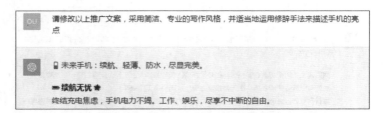

图 6.16 ChatGPT 按照要求修改某款手机的推广文案

✦ 轻薄之美 ✦

手机轻巧如翼，随心携带。纵然旅途遥远，手机轻如念。

🍃 无拘水陆 ▣

冒雨、泳水、沙漠，无阻手机征程。自由掌握生活。

这不仅仅是手机，它是未来的代表。无论商务巨头、探险家，它都将是您不可或缺的助手。

点击了解，开启手机新时代。🚀▣ #未来手机 #自由体验 #尽享完美

图6.16　（续）

扫码
看视频

6.3　综合实例：使用ChatGPT生成报纸广告文案

报纸是一种有效的传播手段，在报纸上刊登广告有助于产品的销售、品牌的推广。运用ChatGPT的对话功能，用户能够直接获得报纸广告文案，减少宣传的成本。本节将介绍使用ChatGPT生成报纸广告文案的操作步骤。

步骤 01 在 ChatGPT 的输入框中输入提示词，如"报纸上刊登的广告文案有哪些特征？"，确认 ChatGPT 是否熟悉报纸广告文案的写法；然后按 Enter 键发送，ChatGPT 会总结出报纸广告文案的特征，如图 6.17 所示。

> OU　报纸上刊登的广告文案有哪些特征？
>
> ⑤　报纸广告文案通常具有以下特征：
>
> 1. **简洁明了**：由于报纸广告空间有限，文案通常非常简洁明了，要点突出，吸引读者迅速了解广告内容。
> 2. **目标受众明确**：广告文案针对特定目标受众编写，以确保信息精准传达给潜在客户。
> 3. **强调独特卖点**：广告文案通常突出产品或服务的独特卖点，强调为何选择该产品或服务。
> 4. **呼吁到行动**：广告文案通常包括明确的呼吁到行动（Call to Action），鼓励读者采取特定的行动，例如拨打电话、访问网站或前往商店。
> 5. **提供联系信息**：广告文案通常包含联系信息，以便潜在客户能够轻松获取更多信息或购买产品或服务。
> 6. **使用引人注目的标题**：好的广告文案通常包括引人注目的标题，以吸引读者的关注。
> 7. **使用图像或图表**：广告文案可能包括图像、图表或插图，以更好地传达信息和吸引眼球。
> 8. **语言生动有力**：广告文案通常使用生动的语言和有力的形容词，以吸引读者的情感和注意力。
> 9. **突出优惠或促销**：如果广告涉及优惠、折扣或促销活动，文案通常会明确突出这些内容。
> 10. **品牌标识**：广告文案通常包括品牌标识，以确保读者与广告的发起者建立联系。
> 11. **符合版面要求**：广告文案必须符合所选广告版面的要求，包括字数、排版和颜色。
> 12. **提供足够信息**：广告文案应提供足够信息，使读者能够理解产品或服务的特性和优势。
>
> 这些特征有助于制作引人注目且有效的报纸广告文案，以吸引潜在客户并促使他们采取行动。不同类型的广告可能强调不同特征，具体取决于广告的目标和受众。

图6.17　ChatGPT总结的报纸广告文案的特征

步骤 02 在同一个聊天窗口中继续输入提示词，如"请结合以上特点，提供某款汽车的广告文案"；然后按 Enter 键发送，ChatGPT 会生成某款汽车的报纸广告方案，如图 6.18 所示。

> OU 请结合以上特点，提供某款汽车的广告文案
>
> 当然，请看下面的汽车广告文案：
>
> 🚗 探索未来，驾驶精彩！★
>
> **✦ 独特卖点 ✦**
> 熠熠生辉的新款汽车，融合无与伦比的性能、豪华和创新。驾驶不再是简单的行驶，而是一次令人兴奋的冒险。
>
> **● 引人注目的标题 ●**
> "未来驾驶，今日启程" - 点燃您的激情，开启无尽可能性。
>
> **⊠ 呼吁到行动 ⊠**
> 预约试驾，探索未来！让您的驾驶生活充满刺激，从现在开始。
>
> **☎ 联系信息 ☎**
> 致电 xxx-xxxx 或访问我们的网站 www.e▨▨▨▨.com，了解更多关于这辆精美汽车的详情。
>
> 无论您是对性能着迷的驾驶者，还是追求豪华体验的人，这辆汽车将改变您的驾驶方式。无限可能就在您的驾驶座前。⊠✦ #未来汽车 #激情驾驶 #体验精彩

图 6.18　ChatGPT 生成的某款汽车的报纸广告文案

步骤 03 在同一个聊天窗口中继续输入提示词，如"请修改文案，要求精练语言，突出这款汽车的亮点"；然后按 Enter 键发送，ChatGPT 会对某款汽车的报纸广告文案进行修改，如图 6.19 所示。

> OU 请修改文案，要求精练语言，突出这款汽车的亮点
>
> 🚗 新款汽车：性能至上，豪华无限！★
>
> **✦ 无与伦比 ✦**
> 这款汽车融合了卓越性能与奢华体验，创新驾驶。驶向未来，开启令人激动的旅程。
>
> **● 点燃激情 ●**
> "未来，从驾驶开始" - 引领激情之旅，享受无尽可能。
>
> **⊠ 预约试驾 ⊠**
> 点击 www.▨▨▨▨.com 预约试驾，即刻感受卓越。体验未来的驾驶，从现在开始。
>
> 您是对性能的追求者，还是享受奢华的热衷者？这辆汽车将引领您开启新的驾驶篇章，无限精彩。⊠✦ #卓越驾驶 #豪华体验 #未来汽车

图 6.19　ChatGPT 对某款汽车的报纸广告文案进行修改

6.4 综合实例：使用ChatGPT生成电视广告文案

在媒体领域，电视是提供娱乐、传播信息的主要媒介之一，同时也能够助力产品的推广。在ChatGPT的帮助下，用户可以通过输入提示词获得满足需求的广告文案。本节将介绍使用ChatGPT策划电视广告文案的操作步骤。

步骤 01 在ChatGPT的输入框中输入提示词，如"假设你是一位经验丰富的电视广告策划专员，请你提供一些关于化妆品的广告语"；然后按 Enter 键发送，ChatGPT 会生成化妆品的广告语，如图 6.20 所示。

图6.20 ChatGPT生成的化妆品的广告语

步骤 02 在同一个聊天窗口中继续输入提示词，如"请根据'独一无二的美丽,只需一抹魔法。'这句广告语来策划一个化妆品电视广告文案，要带有情境和画面描述，对受众有感染力"；然后按 Enter 键发送，ChatGPT 会生成化妆品的电视广告文案，如图 6.21 所示。

请根据"独一无二的美丽，只需一抹魔法。"这句广告语来策划一个化妆品电视广告文案，要带有情境和画面描述，对受众有感染力

电视广告文案：

[画面：舞台上闪烁的灯光，光束打在一位自信的女性身上，她微笑着向镜头走来。]

★ "独一无二的美丽，只需一抹魔法。" ★

[画面：女性打开一支精美的化妆品，轻轻地涂抹在她的嘴唇上。]

在这个瞬间，一切改变。

[画面：她的眼睛放射出自信的光芒，她的皮肤闪烁着光泽。]

因为，美丽就是自信的延伸。

[画面：她走向一堆不同颜色的化妆品，开始自如地化妆。]

每个妆容都是一次新的冒险。

[画面：女性与朋友们在镜子前化妆，她们一起欢笑。]

这不只是化妆，这是我们生活的一部分。

[画面：女性把自己最美的一面展现给世界，独一无二的美丽在她身上散发。]

因为，你的美丽是无与伦比的。

[画面：品牌标识出现在屏幕上，带来一段温馨的音乐。]

[品牌标识] - 为每个女性创造她独特的美丽。

[画面：广告结束，留下女性的微笑，画面淡出。]

这一切只需一抹魔法。你也可以是独一无二的美丽。 ✦ #魔法妆容 #自信美丽

图 6.21　ChatGPT 生成的化妆品的电视广告文案

扫码
看视频

6.5　综合实例：使用 ChatGPT 生成网络广告文案

　　网络广告文案是指以互联网为媒介进行广告信息传播的文字内容，它主要以各种媒体平台为传播媒介，具有传播范围广和速度快的特点。用户可以在 ChatGPT 的帮助下，结合平台特性和网络热词来生成广告文案，以实现广告的目的。本节将介绍使用 ChatGPT 生成网络广告文案的操作步骤。

步骤 01　在 ChatGPT 的输入框中输入提示词，如"'真香'是一个网络热词，指的是原本不想做的事，最后反而去做了。你理解了吗？"；然后按 Enter 键发送，ChatGPT 会对网络热词建立认知，如图 6.22 所示。

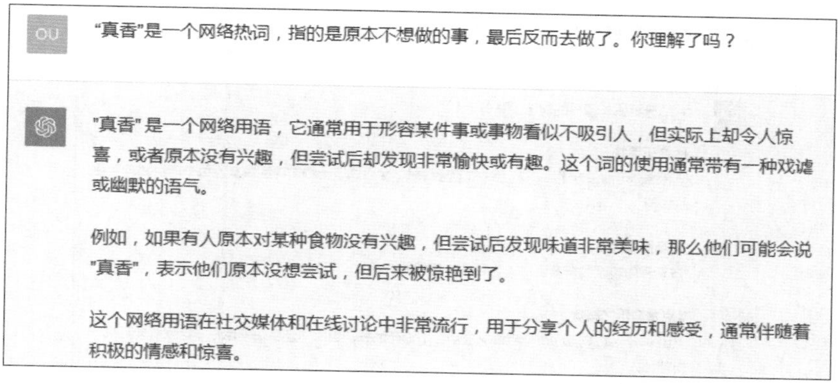

图6.22 ChatGPT对网络热词建立认知

步骤 02 在同一个聊天窗口中继续输入提示词，如"很好，请你用'真香'一词来写一篇关于蓝牙耳机的广告文案"；然后按Enter键发送，ChatGPT会生成蓝牙耳机的网络广告文案，如图6.23所示。

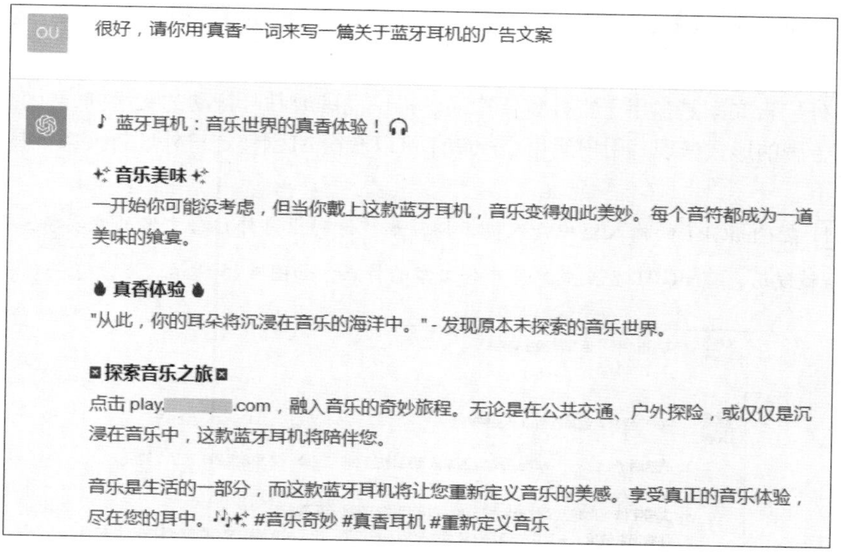

图6.23 ChatGPT生成的蓝牙耳机的网络广告文案

步骤 03 在同一个聊天窗口中继续输入提示词，如"请根据微博广告文案的特点，修改以上文案"；然后按Enter键发送，ChatGPT会对蓝牙耳机的网络广告文案进行修改，如图6.24所示。

请根据微博广告文案的特点，修改以上文案

♪ 蓝牙耳机：音乐的魔法，真香！🎧

✨音乐美味✨
一开始你可能没考虑，但戴上这款蓝牙耳机，音乐成了一场美味的盛宴。每个音符都像独特的味蕾。

🔥真香体验🔥
"发现未曾尝试的声音魔法。" - 音乐变得如此美好。

☑点赞音乐之旅☑
点击 play.▮▮▮▮▮.com，与音乐互动。不论在地铁、山间，还是任何地方，这款蓝牙耳机一路陪伴。

音乐是生活的一部分，而这款蓝牙耳机将让您重新定义音乐的美感。享受真正的音乐体验，尽在您的耳边。♪✨ #音乐魔法 #真香耳机 #重新定义音乐

图 6.24　ChatGPT 对蓝牙耳机的网络广告文案进行修改

扫码
看视频

6.6　综合实例：使用 ChatGPT 生成户外广告文案

户外广告文案是指用于室外宣传产品、推广品牌或呼吁行动的文字内容，它通常以固定广告牌的形式呈现。用户运用 ChatGPT 可以获得 AI 创作的户外广告文案，具体操作步骤如下。

步骤 01 在 ChatGPT 的输入框中输入提示词，如"请列出户外广告文案的主要特点"；然后按 Enter 键发送，ChatGPT 会生成户外广告文案的特点，如图 6.25 所示。

请列出户外广告文案的主要特点

户外广告文案通常具有以下主要特点：

1. **简洁明了**：由于户外广告的观众通常只有短暂的时间来阅读，文案必须简洁明了，要点突出。
2. **大号字体**：文案通常使用大号字体，以确保信息在远处可读。
3. **强调视觉效果**：户外广告通常伴随着强烈的视觉效果，如吸引人的图片、图标或颜色，以吸引行人或驾驶者的注意。
4. **呼吁到行动**：广告文案通常包括呼吁到行动，鼓励观众采取特定的行动，例如访问网站、拨打电话或前往商店。
5. **特定目标受众**：广告文案通常明确定位特定的目标受众，以确保信息精准传达给潜在客户。
6. **品牌标识**：广告文案通常包括品牌标识，以帮助观众识别广告的发起者。
7. **短语和标语**：户外广告文案通常使用简明的短语或标语，以快速传达主要信息。
8. **地点相关**：某些户外广告会特别考虑所处的地点和环境，以使广告与当地文化或事件相关。
9. **季节性或节日相关**：有些户外广告会根据季节或特定节日进行调整，以增加吸引力。
10. **信息可读性**：广告文案的信息必须在不同天气条件下都能清晰可读，包括阳光明媚、雨天和夜晚。

这些特点有助于制作引人注目且有效的户外广告文案，以吸引观众的注意并传达重要信息。户外广告文案的目标是在短时间内引起观众的兴趣并留下深刻的印象。

图 6.25　ChatGPT 生成的户外广告文案的特点

步骤 02 在同一个聊天窗口中继续输入提示词，如"请根据以上特点，为某款饮料创作一篇文案"；然后按 Enter 键发送，ChatGPT 会生成某款饮料的户外广告文案，如图 6.26 所示。

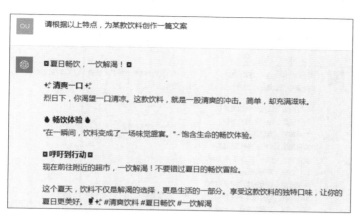

图 6.26　ChatGPT 生成的某款饮料的户外广告文案

步骤 03 在同一个聊天窗口中继续输入提示词，如"请融入更多创意，修改以上文案，增加文案的吸引力"；然后按 Enter 键发送，ChatGPT 会对某款饮料的户外广告文案进行修改，如图 6.27 所示。

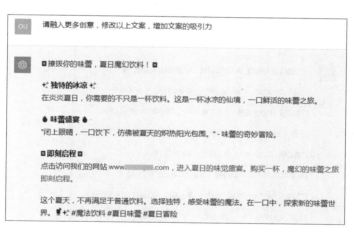

图 6.27　ChatGPT 对某款饮料的户外广告文案进行修改

本 章 小 结

本章主要从使用 ChatGPT 生成图书宣传文案、产品推广文案、报纸广告文案、电视广告文案、网络广告文案和户外广告文案这六类的综合实例展开。希望读者在学完本章的内容之后，能够真正学会使用 ChatGPT 进行 AI 营销文案的创作。

课 后 习 题

1. 使用ChatGPT为某款口红生成10个宣传文案标题，效果如图6.28所示。

当为口红制作宣传文案标题时，创新和独特性可以让标题更加引人注目。以下是经过优化的10个宣传文案标题，以使其更具吸引力和独特性：

1. "色彩秘语：口红的魅力解码"
2. "唇红诗意：色彩的魔法世界"
3. "时尚背后：唇红美的绝妙之处"
4. "涂色自由：口红的奇幻旅程"
5. "唇色梦游：独一无二的口红故事"
6. "口红对白：美的语言，由唇发声"
7. "华美唇妆：口红的魅力瞬间绽放"
8. "唇印时光：口红记录每个瞬间"
9. "唇红起源：发现美丽的奇妙源头"
10. "独一无二的色彩：让唇红成为你的签名"

这些标题结合了创新的表达形式，强调了口红的独特魅力，帮助口红脱颖而出，并引起目标受众的兴趣。选择适合口红品牌和目标受众的标题，以提高宣传效果。

图6.28　ChatGPT生成的某款口红的10个宣传文案标题

2. 使用ChatGPT为某款扫地机器人生成电视广告文案，效果如图6.29所示。

请根据"智能家居，从扫地机器人开始。"这句广告语来策划一个扫地机器人电视广告文案

♤ 扫地机器人电视广告：智能家居，从扫地机器人开始。

[画面：现代家庭，温馨舒适，家人一起享受时光。]

广告音乐（轻快的旋律）：生活如此繁忙，我们需要一些智能帮手。

[画面：扫地机器人在家中智能地扫地，轻松地穿越家具和障碍物。]

广告音乐：从今天起，让我们开始智能家居的旅程。

[画面：家人在一起，笑容满面，不再担心地板的清洁问题。]

广告音乐：因为智能家居，从扫地机器人开始，让您的生活变得更轻松。

[画面：扫地机器人在不同房间自动清扫，女主人通过手机应用轻松控制。]

广告音乐：只需一次点击，它就开始工作，您可以在任何地方轻松掌控。

[画面：女主人坐在咖啡厅，通过手机应用启动扫地机器人，然后满意地微笑。]

广告音乐：智能家居不再是梦想，它从这里开始。

[画面：广告结束，出现品牌标识和广告语。]

[品牌标识]：智能家居，从扫地机器人开始。

广告音乐：（欢快的旋律）让我们的生活更智能、更便捷。

扫地机器人，智能家居的第一步。让您的生活变得更轻松，从这里开始。🤖♤ #智能家居 #从这里开始

图6.29　ChatGPT生成的某款扫地机器人的电视广告文案

ChatGPT＋Midjourney AI绘画实战 | 第 **7** 章

用户可以先使用 ChatGPT 获得提示词（即 AI 绘画的关键词），再将提示词输入 Midjourney 中，生成自己想要的绘画作品。本章将介绍 ChatGPT 和 Midjourney 在绘画方面的应用，帮助用户多角度地思考绘图方法，绘制出自己满意的作品。

📣 本章重点

- 综合实例：使用 ChatGPT ＋ Midjourney 制作漫画作品
- 综合实例：使用 ChatGPT ＋ Midjourney 制作油画作品
- 综合实例：使用 ChatGPT ＋ Midjourney 制作水墨画作品
- 综合实例：使用 ChatGPT ＋ Midjourney 制作摄影照片
- 综合实例：使用 ChatGPT ＋ Midjourney 制作产品图片

7.1 综合实例：使用 ChatGPT + Midjourney 制作漫画作品

　　漫画是绘画中一种独特的艺术形式。它只需用简单的线条、随意的笔触便可以勾勒出事物的形态，发挥陈述故事、歌颂见闻、抒发情感、供人娱乐等作用。本节将以宫崎骏漫画风格作品的制作为例，讲解其具体的操作方法。

7.1.1 练习实例：关键词的生成和翻译

扫码
看视频

　　宫崎骏的作品通常具有精致细腻的画风，注重细节，表现力丰富，能够表现出人物情感和环境氛围。下面以 ChatGPT 为例，介绍生成宫崎骏漫画风格关键词的具体操作步骤。

步骤 01 在 ChatGPT 的输入框中输入"请列出 8 个宫崎骏漫画风格的题材"；然后按 Enter 键发送，ChatGPT 会生成 8 个宫崎骏漫画风格的题材，如图 7.1 所示。

> OU　请列出8个宫崎骏漫画风格的题材
>
> 　　宫崎骏是一位著名的日本动画导演，他的作品以其独特的漫画风格和深刻的主题而闻名。以下是八个宫崎骏漫画风格的可能题材：
>
> 1. 神秘的森林：宫崎骏作品中经常出现神秘的、充满生命力的森林，这些森林通常是故事的关键元素，如《龙猫》和《风之谷》。
> 2. 女性主题：宫崎骏的作品通常强调女性主题，包括女性主角的成长和独立，如《千与千寻》和《哈尔的移动城堡》。
> 3. 飞翔和飞行：飞翔是宫崎骏作品中的常见主题，它象征着自由和幻想，如《天空之城》和《猫的报恩》。
> 4. 动物世界：宫崎骏的作品中经常出现各种各样的神奇动物，如《龙猫》和《魔女宅急便》。
> 5. 自然的力量：自然元素如风、水、火和土地在宫崎骏的作品中扮演重要角色，如《风之谷》和《幽灵公主》。
> 6. 和平与战争：宫崎骏的作品经常涉及和平与战争之间的冲突，如《风之谷》和《红猪》。
> 7. 魔法与幻想：魔法和幻想元素常常贯穿于宫崎骏的作品，如《千与千寻》和《哈尔的移动城堡》。
> 8. 童真与成长：宫崎骏的作品通常探讨童真和成长的主题，如《龙猫》和《千与千寻》。

图 7.1　ChatGPT 生成的 8 个宫崎骏漫画风格的题材

步骤 02 选择其中一种题材，让 ChatGPT 描述一个 50 字的画面场景，如图 7.2 所示。此时 ChatGPT 的回复内容便可作为绘画的关键词。

> OU　请以动物世界为主题，描述一个50字的画面场景
>
> 　　在绚丽的水下景观，五颜六色的珊瑚礁和海洋生物展现出生机勃勃的世界。一只优雅的海龟悠然游过，伴随着闪烁的鱼群，阳光穿透波浪，投下斑驳的光斑，创造出绝美的海底画面。

图 7.2　ChatGPT 描述的画面场景

步骤 03 将绘画的关键词通过百度翻译转换为英文，如图 7.3 所示。

图 7.3 将中文关键词翻译为英文

7.1.2 练习实例：漫画作品的初步生成

将 ChatGPT 生成的关键词转换为英文后，再将关键词粘贴到 Midjourney 中，然后通过 Midjourney 中的 imagine 指令输入相应的关键词，并适当地改变画面尺寸的命令参数，即可生成漫画作品，具体操作步骤如下。

步骤 01 选中 7.1.1 小节中用百度翻译生成的英文关键词并右击，在弹出的快捷菜单中选择"复制"选项，如图 7.4 所示。

图 7.4 选择"复制"选项

步骤 02 在 Midjourney 的输入框内输入 /，选择 /imagine 选项，如图 7.5 所示。

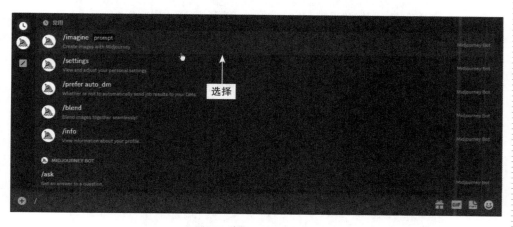

图 7.5 选择 /imagine 选项

步骤 03 在输入框中粘贴刚刚复制的英文关键词，如图 7.6 所示。

图7.6 粘贴刚刚复制的英文关键词

步骤 04 添加必要的信息，如添加绘画风格，如图 7.7 所示。

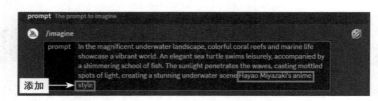

图7.7 添加绘画风格

步骤 05 添加相关的参数，如 4K --ar 16：9（4K 高清分辨率，宽高比为 16:9），如图 7.8 所示。

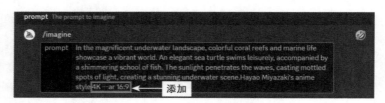

图7.8 在关键词后添加相关参数

步骤 06 按 Enter 键发送，即可生成宫崎骏风格的动漫作品图片，如图 7.9 所示。

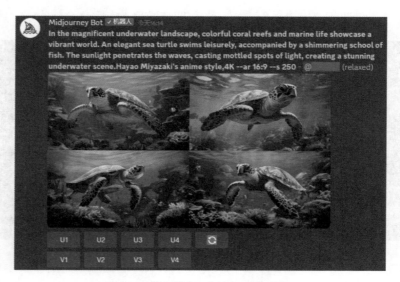

图7.9 生成宫崎骏风格的动漫作品图片

7.1.3 练习实例：漫画作品的效果优化

扫码
看视频

有时生成的漫画作品图片可能达不到想要的效果，此时可以通过调整，对图片效果进行优化，具体操作步骤如下。

步骤 01 单击 7.1.2 小节生成的 4 张图片（图 7.9）中其中一张图片所对应的 V 按钮，如单击 V3 按钮，如图 7.10 所示。

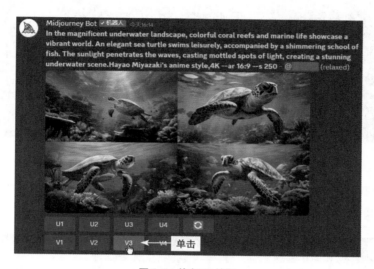

图7.10 单击V3按钮

步骤 02 执行操作后，会根据第 3 张图片重新生成 4 张图片，如图 7.11 所示。

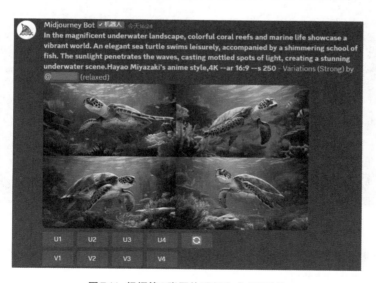

图7.11 根据第3张图片重新生成4张图片

步骤 03 单击对应的 U 按钮，如单击 U4 按钮，如图 7.12 所示，选择相对满意的图片。

图7.12　单击U4按钮

步骤 04 执行操作后，Midjourney 将在第4张图片的基础上进行更加精细的刻画，并放大图片效果，如图 7.13 所示。

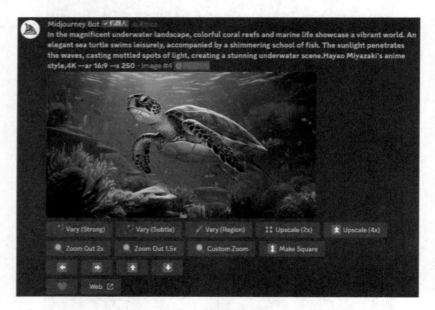

图7.13　放大图片效果

步骤 05 此时可以单击 Vary（Strong）按钮或 Vary（Subtle）按钮，如单击 Vary（Subtle）按钮，即可生成 4 张变化较小的图片，如图 7.14 所示。

步骤 06 如果对某张图片比较满意，可以单击对应的 U 按钮，如单击 U3 按钮，查看图片的效果，如图 7.15 所示。

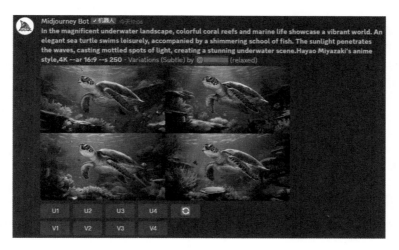

图7.14 生成4张变化较小的图片

图7.15 查看图片效果

▶ **温馨提示**

　　Vary (Strong)是强烈变化的意思,单击该按钮后,Midjourney 会生成 4 张与原图差别较大的图片;Vary (Subtle)是微妙变化的意思,单击该按钮后,Midjourney 会生成 4 张与原图差别较小的图片。

扫码
看视频

7.2 综合实例:使用ChatGPT + Midjourney制作油画作品

　　油画是用调和颜料来绘制的画种,具有色彩丰富、立体质感强的特点。AI绘画在兴起之际,便可以根据关键词绘制出不同的画作,油画也不例外。下面具体介绍使用

ChatGPT 和 Midjourney 绘制油画作品的具体操作步骤。

步骤 01 在 ChatGPT 的输入框中输入"请用 50 字左右简单描述某幅油画的内容"；然后按 Enter 键发送，ChatGPT 会生成油画的绘画关键词，如图 7.16 所示。

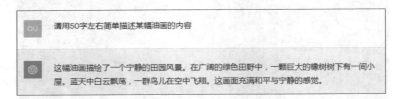

图 7.16 ChatGPT 生成油画的绘画关键词

步骤 02 将绘画的关键词通过百度翻译转换为英文，选中百度翻译生成的英文关键词并右击，在弹出的快捷菜单中选择"复制"选项，如图 7.17 所示。

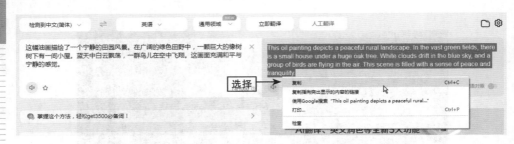

图 7.17 选择"复制"选项

步骤 03 在 Midjourney 的输入框中输入 /，选择 /imagine 选项；然后在输入框中粘贴刚刚复制的英文关键词，如图 7.18 所示。

图 7.18 粘贴刚刚复制的英文关键词

步骤 04 在关键词的后面添加其他相关的信息，如图 7.19 所示。

图 7.19 在关键词的后面添加其他相关的信息

步骤 **05** 按 Enter 键发送，即可生成油画作品的图片，如图 7.20 所示。

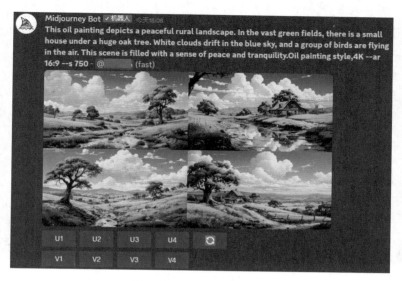

图 7.20　生成油画作品的图片

步骤 **06** 单击图片下方的"循环"按钮 ⟳，重新生成图片，如图 7.21 所示。

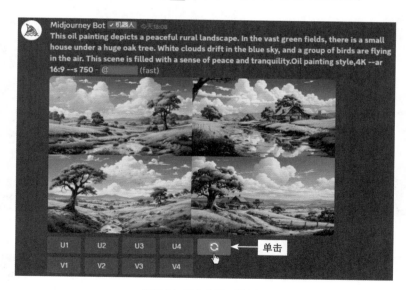

图 7.21　单击"循环"按钮

步骤 **07** 执行操作后，会使用相关的关键词重新生成 4 张图片，单击相对满意的图片对应的 U 按钮，如单击 U1 按钮，如图 7.22 所示。

步骤 **08** 执行操作后，Midjourney 将在第 1 张图片的基础上进行更加精细的刻画，并放大图片效果，如图 7.23 所示。

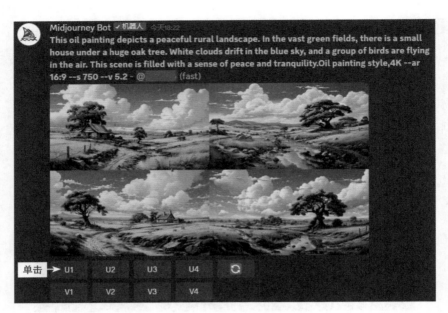

图 7.22　单击 U1 按钮

图 7.23　放大图片效果

扫码
看视频

7.3　综合实例：使用 ChatGPT + Midjourney 制作水墨画作品

水墨画是中国传统绘画的主要形式，以水、墨绘制而成，具有文雅、层次分明的艺术特征。用户利用 AI 技术能够快速生成水墨画，获得水墨画绘制的灵感，具体操作步骤如下。

步骤 01 在 ChatGPT 的输入框中输入"请用 50 字左右简单描述某幅水墨画的内容";然后按 Enter 键发送，ChatGPT 会生成水墨画的绘画关键词，如图 7.24 所示。

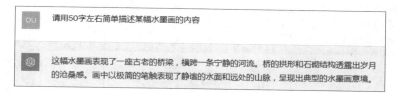

图 7.24 ChatGPT 生成水墨画的绘画关键词

步骤 02 将绘画的关键词通过百度翻译转换为英文，选中百度翻译生成的英文关键词并右击，在弹出的快捷菜单中选择"复制"选项，如图 7.25 所示。

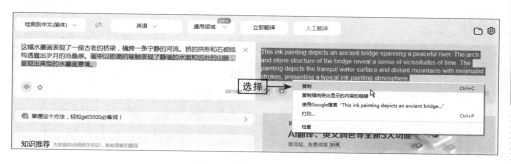

图 7.25 选择"复制"选项

步骤 03 在 Midjourney 的输入框中输入 /，选择 /imagine 选项；然后在输入框中粘贴刚刚复制的英文关键词，如图 7.26 所示。

图 7.26 粘贴刚刚复制的英文关键词

步骤 04 在关键词的后面添加其他相关的信息，如图 7.27 所示。

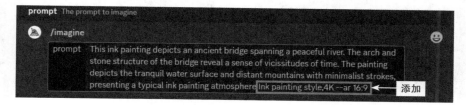

图 7.27 在关键词的后面添加其他相关的信息

步骤 05 按 Enter 键发送，即可生成水墨画作品的图片，如图 7.28 所示。

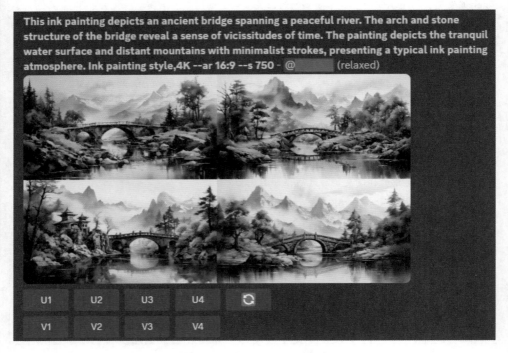

This ink painting depicts an ancient bridge spanning a peaceful river. The arch and stone structure of the bridge reveal a sense of vicissitudes of time. The painting depicts the tranquil water surface and distant mountains with minimalist strokes, presenting a typical ink painting atmosphere. Ink painting style,4K --ar 16:9 --s 750 - @ _____ (relaxed)

| U1 | U2 | U3 | U4 | |
| V1 | V2 | V3 | V4 | |

图7.28　生成水墨画作品的图片

步骤 06 单击相对满意的图片对应的 U 按钮，如单击 U4 按钮，即可查看图片的放大效果，如图 7.29 所示。

图7.29　查看图片的放大效果

7.4　综合实例：使用 ChatGPT + Midjourney 制作摄影照片

在绘画中，摄影作品也是一种艺术形式，AI技术与摄影的结合同样能够带来具有美感的作品。AI摄影是一门具有高度艺术性和技术性的创意活动，它在展现瞬间之美的同时，也体现了人们对生活、自然和世界的独特见解与审美体验。下面介绍制作AI摄影照片的具体操作步骤。

步骤 01　在 ChatGPT 的输入框中输入"请用 50 字左右简单描述某张中国少女的照片"；然后按 Enter 键发送，ChatGPT 会生成摄影照片的绘画关键词，如图 7.30 所示。

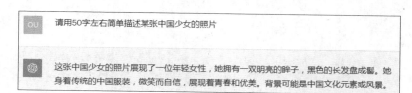

图 7.30　ChatGPT 生成摄影照片的绘画关键词

步骤 02　将绘画的关键词通过百度翻译转换为英文，选中百度翻译生成的英文关键词并右击，在弹出的快捷菜单中选择"复制"选项，如图 7.31 所示。

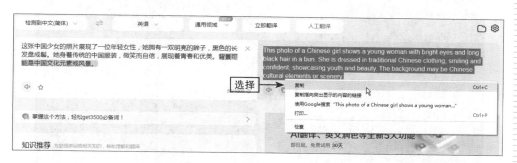

图 7.31　选择"复制"选项

步骤 03　在 Midjourney 的输入框中输入 /，选择 /imagine 选项；然后在输入框中粘贴刚刚复制的英文关键词，并在关键词的后面添加其他相关的信息。按 Enter 键发送，即可生成 AI 摄影照片的图片，如图 7.32 所示。

步骤 04　单击相对满意的图片对应的 U 按钮，如单击 U3 按钮，即可查看图片的放大效果，如图 7.33 所示。

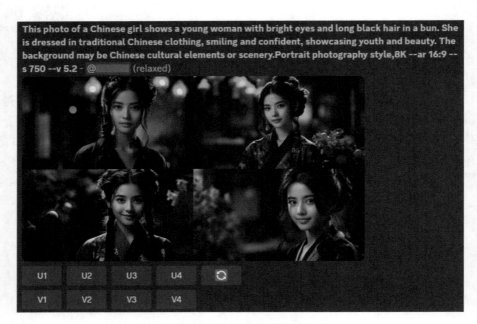

图7.32 生成AI摄影照片的图片

图7.33 查看图片的放大效果

扫码
看视频

7.5 综合实例：使用 ChatGPT + Midjourney 制作产品图片

借助 ChatGPT 和 Midjourney 可以绘制各种产品图片，更好地展示产品的优势。下面将举例介绍使用 ChatGPT 和 Midjourney 制作产品图片的具体操作步骤。

步骤 01 在 ChatGPT 的输入框中输入"请用 50 字左右简单描述某款运动鞋的外观";然后按 Enter 键发送，ChatGPT 会生成某款运动鞋图片的绘画关键词，如图 7.34 所示。

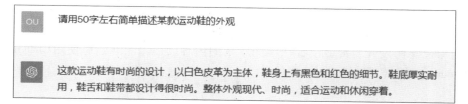

图 7.34 ChatGPT 生成某款运动鞋图片的绘画关键词

步骤 02 将绘画的关键词通过百度翻译转换为英文，选中百度翻译生成的英文关键并右击，在弹出的快捷菜单中选择"复制"选项，如图 7.35 所示。

图 7.35 选择"复制"选项

步骤 03 在 Midjourney 的输入框中输入 /，选择 /imagine 选项；然后在输入框中粘贴刚刚复制的英文关键词，并在关键词的后面添加其他相关的信息。按 Enter 键发送，生成某款运动鞋的图片，单击相对满意的图片对应的 U 按钮，查看图片的放大效果，如图 7.36 所示。

图 7.36 查看图片的放大效果

本 章 小 结

　　本章主要从漫画作品、油画作品、水墨画作品、摄影照片和产品图片制作这5个方面的综合实例展开。希望读者在学完本章的内容之后，能够熟练使用ChatGPT和Midjourney制作出满意的AI绘画图片。

课 后 习 题

　　1. 使用ChatGPT和Midjourney绘制一张中国男性的摄影照片。

　　2. 使用ChatGPT和Midjourney绘制一张手链的图片。

ChatGPT＋Word办公文档应用实战　第 **8** 章

　　Word 是 Office 办公系列中专门为文本编辑、排版以及打印而设计的软件，具有强大的文字输入和处理功能。本章将介绍使用 ChatGPT 和 Word 协同合作，利用 AI 技术进行智能办公的操作方法。

◀》本章重点

- 在 Word 中接入 ChatGPT
- 综合实例：使用 ChatGPT ＋ Word 检查纠错
- 综合实例：使用 ChatGPT ＋ Word 生成文案
- 综合实例：使用 ChatGPT ＋ Word 分类处理
- 综合实例：使用 ChatGPT ＋ Word 提取信息
- 综合实例：使用 ChatGPT ＋ Word 分析内容

8.1　在 Word 中接入 ChatGPT

将 ChatGPT 接入到 Word 中，可以为用户带来许多便利和优势，无论是快速获得信息、寻求创作灵感，还是进行内容校对，将 ChatGPT 与 Word 结合使用都能够为用户提供强大的支持。

8.1.1　练习实例：OpenAI API Key 的获取

扫码
看视频

OpenAI 是一个人工智能研究实验室和技术公司，而 ChatGPT 则是 OpenAI 开发的一种基于自然语言处理的语言模型。在 Word 中接入 ChatGPT，需要使用 OpenAI API Keys（密钥），下面将介绍获取密钥的具体操作步骤。

步骤 01　访问 ChatGPT 的网站并登录账号，进入 OpenAI 官网，在网页右上角单击 Log in（登录）按钮，如图 8.1 所示。

图 8.1　单击 Log in 按钮

步骤 02　执行操作后，进入 OpenAI 页面，选择进入 API 模块，如图 8.2 所示。

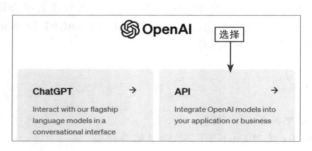

图 8.2　选择进入 API 模块

步骤 03　因前面已经访问并登录了 ChatGPT，所以此处会自动登录 OpenAI 账号；如果跳过登录 ChatGPT 直接进入 OpenAI 网页，此处则需要先登录 OpenAI 账号。将鼠标光标放置在账号头像上，在弹出的列表框中选择 API keys（API 密钥）选项，如图 8.3 所示。

步骤 04　进入 API keys 页面，在图中显示了之前获取过的密钥记录，此处单击 Create new secret key（创建新密钥）按钮，如图 8.4 所示。

图8.3　选择API keys选项

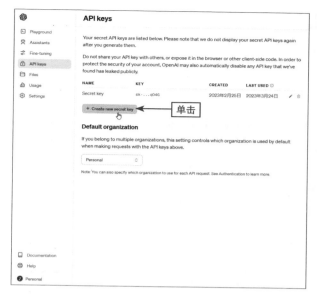

图8.4　单击Create new secret key按钮

步骤 05 弹出Create new secret key对话框,在文本框下方单击Create secret key(创建密钥)按钮，如图8.5所示。

步骤 06 执行操作后，即可创建密钥，单击文本框右侧的"复制"按钮 ，如图8.6所示，即可获取创建的密钥。在文件夹中创建一个记事本，将密钥粘贴保存。

图8.5　单击Create secret key按钮

图8.6　单击"复制"按钮

8.1.2　练习实例：接入ChatGPT并创建按钮

扫码
看视频

　　在Word中可以通过宏接入ChatGPT。在Word应用程序的默认状态下，"开发工具"选项卡是处于隐藏状态的，当需要在Word中使用宏或者VBA编辑器时，需要先添加"开发工具"选项卡。创建宏后，可以构建一个快捷运行按钮，以便直接使用ChatGPT，下面介绍具体操作步骤。

步骤 01 在Word功能区的空白位置处右击,在弹出的快捷菜单中选择"自定义功能区"选项，如图8.7所示。

步骤 02 弹出"Word 选项"对话框，在"主选项卡"选项区中勾选"开发工具"复选框并单击"确定"按钮，如图 8.8 所示，即可将"开发工具"选项卡添加到菜单栏中。

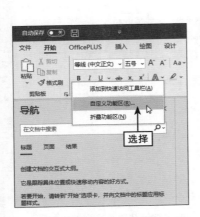

图 8.7 选择"自定义功能区"选项　　　　　　　图 8.8 单击"确定"按钮

步骤 03 打开"开发工具"选项卡，按 Alt + F11 组合键或单击"代码"组中的 Visual Basic 按钮，如图 8.9 所示。

图 8.9 单击 Visual Basic 按钮

步骤 04 打开 Microsoft Visual Basic for Applications（VBA）编辑器，选择"插入"→"模块"选项，新建一个空白模块，如图 8.10 所示。

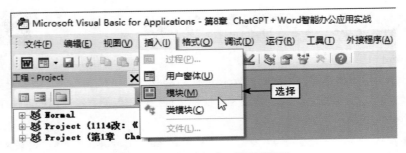

图 8.10 选择"插入"→"模块"选项

步骤 05　打开一个记事本，其中已经编写好了可以接入 ChatGPT 的宏代码，按 Ctrl＋A 组合键全选代码，如图 8.11 所示。

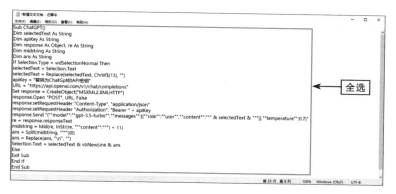

图 8.11　全选代码

步骤 06　按 Ctrl＋C 组合键复制编写的宏代码。打开 Word 中的 VBA 编辑器，在新建的空白模块中按 Ctrl＋V 组合键粘贴记事本中的宏代码，选中"替换为 ChatGpt 的 API 密钥"文本内容，如图 8.12 所示。

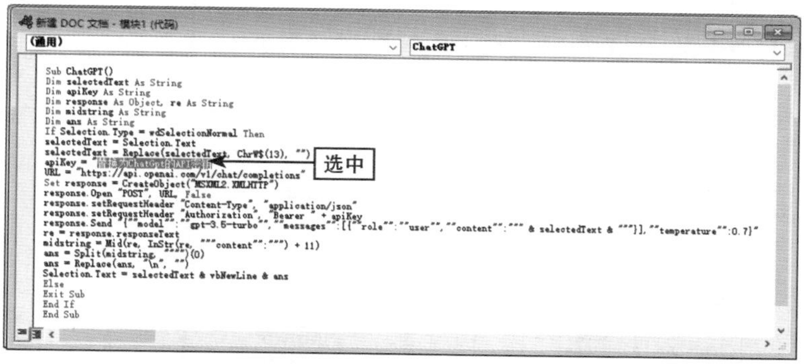

图 8.12　选中"替换为 ChatGpt 的 API 密钥"文本内容

步骤 07　按 Delete 键删除所选文本内容，并粘贴 8.1.1 小节中获取到的 API 密钥。单击"保存"按钮 🔲，如图 8.13 所示，将宏保存。

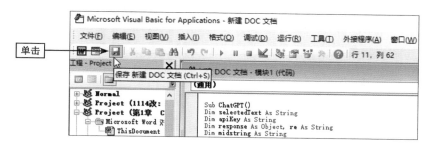

图 8.13　单击"保存"按钮

步骤 08 打开"Word 选项"对话框，在"自定义功能区"→"主选项卡"选项区中，选择"开发工具"选项，单击"新建组"按钮，如图 8.14 所示。

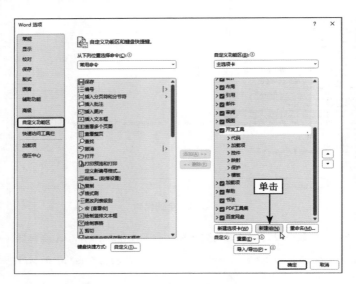

图 8.14　单击"新建组"按钮

步骤 09 执行操作后，即可新建一个组；单击"重命名"按钮，如图 8.15 所示。

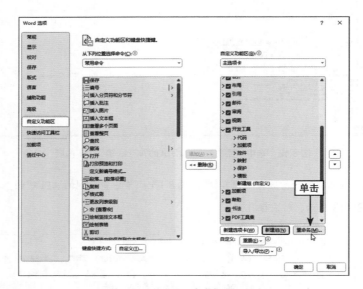

图 8.15　单击"重命名"按钮（1）

步骤 10 弹出"重命名"对话框，在"显示名称"文本框中输入组名称，如图 8.16 所示。

步骤 11 单击"确定"按钮，返回"Word 选项"对话框；在"从下列位置选择命令"列表框中选择"宏"选项，如图 8.17 所示。

图 8.16　输入组名称

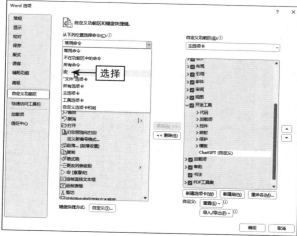

图 8.17　选择"宏"选项

步骤 12 在下方会显示保存过的宏，选择需要的宏并单击"添加"按钮，如图 8.18 所示。

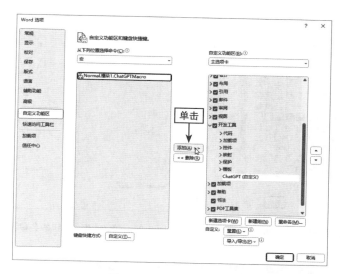

图 8.18　单击"添加"按钮

步骤 13 执行操作后，即可将所选择的宏添加到新建的组中；单击"重命名"按钮，如图 8.19 所示。

步骤 14 弹出"重命名"对话框，在"显示名称"文本框中输入名称，在上方选择一个符号图标作为按钮图标，如图 8.20 所示。

步骤 15 执行上述操作后，单击"确定"按钮，即可修改宏按钮的名称和图标，如图 8.21 所示。

步骤 16 返回 Word 文档，如果"开发工具"选项卡中出现 ChatGPT 按钮，就说明 Word 已经成功接入 ChatGPT，如图 8.22 所示。

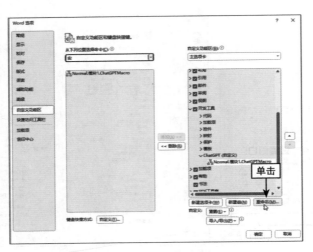

图 8.19 单击"重命名"按钮（2）

图 8.20 选择一个符号图标

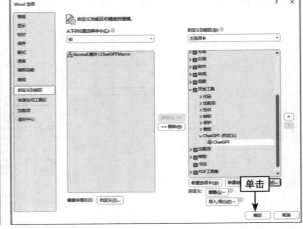

图 8.21 修改"宏"按钮的名称和图标

图 8.22 Word 成功接入 ChatGPT

8.2 综合实例：使用 ChatGPT + Word 检查纠错

ChatGPT 提供多种功能，包括拼写检查、语法检查以及单词替换等，当 Word 文档中的内容过多时，用户可以借助 ChatGPT 对文档内容进行检查。通过与 ChatGPT 的交互，用户可以轻松地进行文档内容的检查和纠错工作，从而提升文档的质量和可读性。

8.2.1　练习实例：拼写错误的检查和纠正

扫码
看视频

ChatGPT可以进行拼写检查，帮助用户找出文档中可能存在的拼写错误。用户只需将文档内容输入ChatGPT，ChatGPT即可检查并标记出可能的拼写错误，并提供正确的拼写替换建议，具体操作步骤如下。

步骤 01 打开一个需要对内容进行拼写检查的 Word 文档，按 Ctrl ＋ A 组合键全选文档内容，右击，在弹出的快捷菜单中选择"复制"选项，如图 8.23 所示。

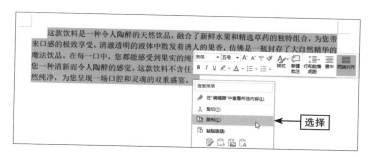

图8.23　选择"复制"选项

步骤 02 打开 ChatGPT 聊天窗口，在输入框中输入"请对以下内容进行拼写检查："，如图 8.24 所示。

图8.24　在输入框中输入内容

步骤 03 按 Shift ＋ Enter 组合键换行，并粘贴复制的文档内容；然后按 Enter 键发送，ChatGPT 即可进行拼写检查并修正错误内容，如图 8.25 所示。

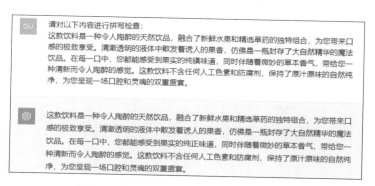

图8.25　ChatGPT拼写检查并修正错误内容

步骤 04 如果用户不想花费时间逐一核对，可以在输入框中输入"反馈一下检查结果，哪些地方出现了拼写错误"，ChatGPT 则会给出对应的回复，向用户反馈错误的地方在哪里，如图 8.26 所示。

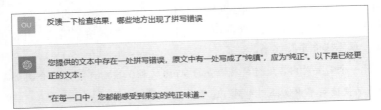

图 8.26 ChatGPT 向用户反馈检查结果

步骤 05 执行上述操作后，复制 ChatGPT 修改后的正确内容，在 Word 中进行内容替换，效果如图 8.27 所示。

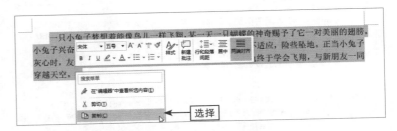

这款饮料是一种令人陶醉的天然饮品，融合了新鲜水果和精选草药的独特组合，为您带来口感的极致享受。清澈透明的液体中散发着诱人的果香，仿佛是一瓶封存了大自然精华的魔法饮品。在每一口中，您都能感受到果实的纯正味道，同时伴随着微妙的草本香气，带给您一种清新而令人陶醉的感觉。这款饮料不含任何人工色素和防腐剂，保持了原汁原味的自然纯净，为您呈现一场口腔和灵魂的双重盛宴。

图 8.27 在 Word 中替换为正确的内容

扫码
看视频

8.2.2 练习实例：语法错误的检查和纠正

ChatGPT 可以进行语法检查，帮助用户找出文档中的语法错误。无论是句子结构、主谓一致性，还是标点符号的使用，ChatGPT 都能帮助用户发现并纠正潜在的语法问题，具体操作步骤如下。

步骤 01 打开一个需要对内容进行语法检查的 Word 文档，按 Ctrl + A 组合键全选文档内容，右击，在弹出的快捷菜单中选择"复制"选项，如图 8.28 所示。

一只小兔子梦想着能像鸟儿一样飞翔。某一天一只蝴蝶的神奇赐予了它一对美丽的翅膀，小兔子兴奋……适应，险些坠地。正当小兔子灰心时，友……终于学会飞翔，与新朋友一同穿越天空。

图 8.28 选择"复制"选项

步骤 02 打开 ChatGPT 的聊天窗口，在输入框中输入"请对以下内容进行语法检查，并在修改后指出错误的地方："，如图 8.29 所示。

请对以下内容进行语法检查，并在修改后指出错误的地方： ◄─── 输入

ChatGPT can make mistakes. Consider checking important information.

图8.29　在输入框中输入内容

步骤 03 按 Shift ＋ Enter 组合键换行，粘贴复制的文档内容；然后按 Enter 键发送，ChatGPT 即可进行语法检查，并在修改后指出错误的地方，如图 8.30 所示。

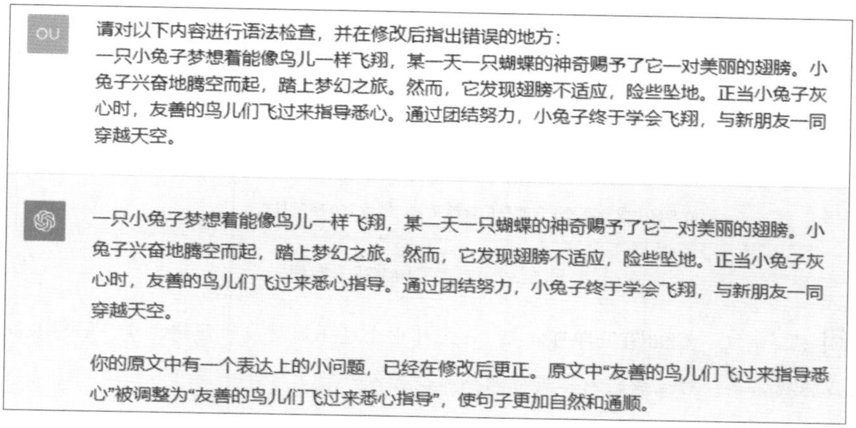

> OU　请对以下内容进行语法检查，并在修改后指出错误的地方：
> 一只小兔子梦想着能像鸟儿一样飞翔。某一天一只蝴蝶的神奇赐予了它一对美丽的翅膀。小兔子兴奋地腾空而起，踏上梦幻之旅。然而，它发现翅膀不适应，险些坠地。正当小兔子灰心时，友善的鸟儿们飞过来指导悉心。通过团结努力，小兔子终于学会飞翔，与新朋友一同穿越天空。
>
> 　　一只小兔子梦想着能像鸟儿一样飞翔，某一天一只蝴蝶的神奇赐予了它一对美丽的翅膀。小兔子兴奋地腾空而起，踏上梦幻之旅。然而，它发现翅膀不适应，险些坠地。正当小兔子灰心时，友善的鸟儿们飞过来悉心指导。通过团结努力，小兔子终于学会飞翔，与新朋友一同穿越天空。
>
> 　　你的原文中有一个表达上的小问题，已经在修改后更正。原文中"友善的鸟儿们飞过来指导悉心"被调整为"友善的鸟儿们飞过来悉心指导"，使句子更加自然和通顺。

图8.30　ChatGPT检查修正并反馈修正内容

步骤 04 执行上述操作后，复制 ChatGPT 修改后的正确内容，在 Word 中进行内容替换，效果如图 8.31 所示。

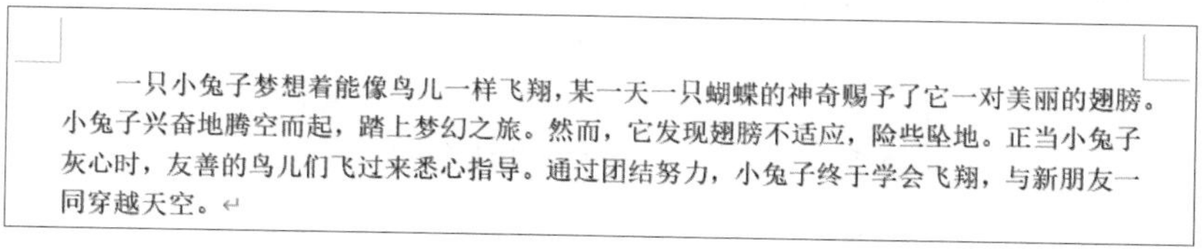

> 　　一只小兔子梦想着能像鸟儿一样飞翔，某一天一只蝴蝶的神奇赐予了它一对美丽的翅膀。小兔子兴奋地腾空而起，踏上梦幻之旅。然而，它发现翅膀不适应，险些坠地。正当小兔子灰心时，友善的鸟儿们飞过来悉心指导。通过团结努力，小兔子终于学会飞翔，与新朋友一同穿越天空。↵

图8.31　在 Word 中替换正确的内容

扫码
看视频

8.3　综合实例：使用 ChatGPT ＋ Word 生成文案

　　ChatGPT 拥有丰富的知识库，用户可以充分利用 ChatGPT 的能力，让其生成所需的文案；还可以对生成的文案进行人工判断和优化，使营销策略更加完善，下面将介绍使用 ChatGPT 智能生成文案的具体操作步骤。

步骤 01 新建一个 Word 空白文档，在首行中输入提示词"请为我生成一篇关于保暖鞋的营销文案，字数 300 字左右"，如图 8.32 所示。

请为我生成一篇关于保暖鞋的营销文案,字数 300 字左右 ←——输入

图 8.32　在首行中输入提示词

步骤 02 打开"开发工具"选项卡,切换至对应功能区,单击 ChatGPT 按钮,如图 8.33 所示。

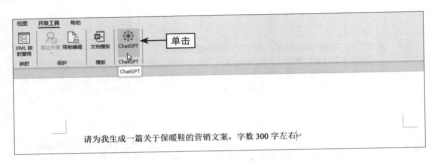

图 8.33　单击 ChatGPT 按钮

步骤 03 稍等片刻,ChatGPT 即可在 Word 文档中生成一篇对应的营销文案,如图 8.34 所示。用户可以根据需要,对生成的内容进行调整和设置。

请为我生成一篇关于保暖鞋的营销文案,字数 300 字左右
迎接冰雪季,一双舒适、时尚的保暖鞋成为寒冷季节的必备。我们引领潮流,推出全新保暖鞋系列,给您的双脚一份温暖的呵护。

精选高科技保暖材料,为您的足部打造亲密保护,让冰冷一扫而空。独特设计,时尚与功能兼得,轻盈舒适,任何场合都能展现您的风采。

透气性与保暖性的完美结合,摆脱潮湿,告别寒意,让您在寒冷季节中保持干燥温暖。无论是城市漫步还是户外探险,我们的保暖鞋都能成为您的最佳伴侣。

选择我们的保暖鞋,不仅是对双脚的呵护,更是对品质生活的追求。赋予您的冬季时尚与温暖,与我们一同踏上美好冒险。时尚保暖,从脚下开始。

图 8.34　生成一篇保暖鞋的营销文案

扫码
看视频

8.4　综合实例:使用 ChatGPT + Word 分类处理

使用 ChatGPT 进行文本分类,可以帮助我们快速且准确地对物品进行分类处理,具体操作步骤如下。

步骤 01 打开对应的 Word 文档,选中需要统计的各种物品,右击,在弹出的快捷菜单中选择"复制"选项,如图 8.35 所示。

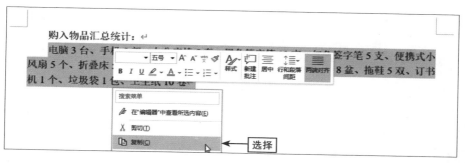

图 8.35　选择"复制"选项

步骤 02 打开 ChatGPT 的聊天窗口，在输入框中输入"请对以下内容进行分类处理："，然后按 Shift ＋ Enter 组合键换行并粘贴复制的文本内容，如图 8.36 所示。

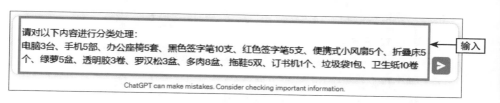

图 8.36　在输入框中输入内容

步骤 03 按 Enter 键发送，ChatGPT 即可进行文本分类处理，如图 8.37 所示。

步骤 04 复制分类后的文本，在 Word 中进行文本替换并进行简单的调整，效果如图 8.38 所示。

图 8.37　ChatGPT 进行文本分类处理

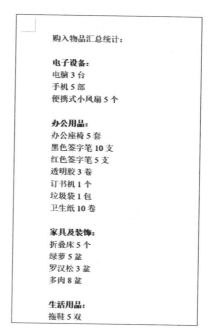

图 8.38　在 Word 中替换并调整后的效果

ChatGPT从入门到实践——AI写作＋AI办公＋AI绘画＋AI短视频（全彩视频版）

8.5　综合实例：使用 ChatGPT + Word 提取信息

借助 ChatGPT 可以快速且准确地提取文件中的信息，如日期、人名、地点以及关键词等，从而提高我们的工作效率和数据管理能力，下面将介绍使用 ChatGPT 提取文件信息的具体操作步骤。

步骤 01 打开一个需要提取信息的 Word 文档，选中文档中需要提取信息的内容，右击，在弹出的快捷菜单中选择"复制"选项，如图 8.39 所示。

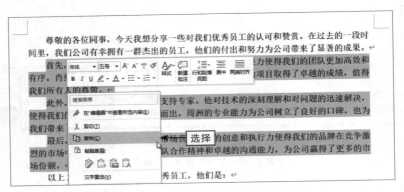

图 8.39　选择"复制"选项

步骤 02 打开 ChatGPT 的聊天窗口，在输入框中输入"将下文中的人名提取出来："，然后按 Shift + Enter 组合键换行并粘贴复制的文本内容；按 Enter 键发送，ChatGPT 即可对文本中的人名进行提取，如图 8.40 所示。

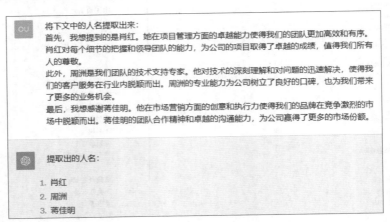

图 8.40　ChatGPT 提取人名

步骤 03 复制 ChatGPT 提取的人名，在 Word 中粘贴至"他们是："的后方，并进行适当调整，效果如图 8.41 所示。

　　尊敬的各位同事，今天我想分享一些对我们优秀员工的认可和赞赏。在过去的一段时间里，我们公司有幸拥有一群杰出的员工，他们的付出和努力为公司带来了显著的成果。

　　首先，我想提到的是肖红。她在项目管理方面的卓越能力使得我们的团队更加高效和有序。肖红对每个细节的把握和领导团队的能力，为公司的项目取得了卓越的成绩，值得我们所有人的尊敬。

　　此外，周洲是我们团队的技术支持专家。他对技术的深刻理解和对问题的迅速解决，使得我们的客户服务在行业内脱颖而出。周洲的专业能力为公司树立了良好的口碑，也为我们带来了更多的业务机会。

　　最后，我想感谢蒋佳明。他在市场营销方面的创意和执行力使得我们的品牌在竞争激烈的市场中脱颖而出。蒋佳明的团队合作精神和卓越的沟通能力，为公司赢得了更多的市场份额。

　　以上 3 位就是我们本年度的优秀员工，他们是：肖红、周洲、蒋佳明

图 8.41　粘贴 ChatGPT 提取的人名并进行调整后的效果

扫码
看视频

8.6　综合实例：使用 ChatGPT + Word 分析内容

　　使用 ChatGPT 进行内容分析，可以帮助我们深入挖掘文本的含义和主题，并对其中的趋势和模式进行识别。ChatGPT 具备自然语言处理和理解的能力，能够帮助用户发现文本中的关键信息，并提供有关内容的分析和见解，下面将介绍使用 ChatGPT 进行内容分析的具体操作步骤。

步骤 01　打开一个需要分析内容的 Word 文档，选中文档中需要分析的内容，右击，在弹出的快捷菜单中选择"复制"选项，如图 8.42 所示。

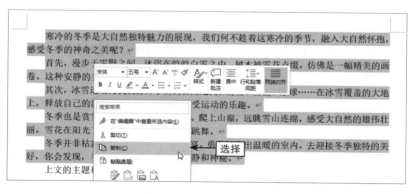

图 8.42　选择"复制"选项

步骤 02　打开 ChatGPT 的聊天窗口，在输入框中输入"对下文的主题和主要论点进行分析："，然后按 Shift + Enter 组合键换行并粘贴复制的文本内容；按 Enter 键发送，ChatGPT 即可对文本内容进行分析处理，如图 8.43 所示。

步骤 03　复制 ChatGPT 回复的内容，将其粘贴至 Word 文档中并进行适当调整，效果如图 8.44 所示。

主题分析：
主题是对冷峻的冬季的美好和独特之处的探讨，以及人们应该积极融入大自然，感受冬季的神奇之美。

主要论点：

1. **冬季的独特魅力：** 文章一开始就强调冬季是大自然展现独特魅力的时刻，为读者树立了冬天不仅仅是寒冷和枯寂的观念。
2. **漫步雪野之美：** 通过描述漫步于雪野之间，感受皑皑白雪的场景，强调了冬季的宁静和美丽。
3. **冰雪运动的乐趣：** 提出冰雪运动是冬季的一种乐趣，通过滑雪、雪橇、冰球等活动，展示了人们可以在冰雪覆盖的大地上释放激情，体验运动的乐趣。
4. **山区赏雪之美：** 强调冬季是欣赏雪景的好时光，特别是在山区。通过描述爬上山巅，远眺雪山连绵，表现了大自然雄伟壮丽的一面。
5. **冬季的宁静和神秘：** 最后，强调冬季并非枯寂，而是一场大自然的盛宴。鼓励人们走出室内，迎接冬季的美好，感受其中的宁静和神秘。

总体评价：
文章通过描绘冬季的美丽景色、推崇冰雪运动、强调山区的雪景以及冬季的宁静神秘，使读者感受到冬季的多样之美。同时，鼓励读者积极投身大自然，发现冬季独特的魅力。

图 8.43　ChatGPT 对文本内容进行分析处理

上文的主题和主要论点如下：
主题分析：
主题是对冷峻的冬季的美好和独特之处的探讨，以及人们应该积极融入大自然，感受冬季的神奇之美。
主要论点：
冬季的独特魅力：　文章一开始就强调冬季是大自然展现独特魅力的时刻，为读者树立了冬天不仅仅是寒冷和枯寂的观念。
漫步雪野之美：　通过描述漫步于雪野之间，感受皑皑白雪的场景，强调了冬季的宁静和美丽。
冰雪运动的乐趣：　提出冰雪运动是冬季的一种乐趣，通过滑雪、雪橇、冰球等活动，展示了人们可以在冰雪覆盖的大地上释放激情，体验运动的乐趣。
山区赏雪之美：　强调冬季是欣赏雪景的好时光，特别是在山区。通过描述爬上山巅，远眺雪山连绵，表现了大自然雄伟壮丽的一面。
冬季的宁静和神秘：　最后，强调冬季并非枯寂，而是一场大自然的盛宴。鼓励人们走出室内，迎接冬季的美好，感受其中的宁静和神秘。
总体评价：
文章通过描绘冬季的美丽景色、推崇冰雪运动、强调山区的雪景以及冬季的宁静神秘，使读者感受到冬季的多样之美。同时，鼓励读者积极投身大自然，发现冬季独特的魅力。

图 8.44　粘贴 ChatGPT 的回复内容并进行调整的效果

本 章 小 结

本章主要从在 Word 中接入 ChatGPT，以及使用 ChatGPT 和 Word 检查纠错、生成文案、分类处理、提取信息和分析内容这 6 个方面展开。希望读者在学完本章的内容之后，能够真正学会使用 ChatGPT 和 Word 进行智能办公，有效地提高办公效率。

课 后 习 题

1. 使用 ChatGPT 对某个 Word 文档进行检查纠错。
2. 使用 ChatGPT 对购物清单信息进行分类处理。

ChatGPT＋Excel电子表格应用实战　第 **9** 章

　　在当今这个数字化时代，人工智能技术正在以惊人的速度改变着我们的工作方式。ChatGPT 与 Excel 结合，可以通过 AI 技术进行表格处理，为企业和个人提供前所未有的效率和精度。

◀》本章重点

- ● 综合实例：使用 ChatGPT ＋ Excel 制作工资查询表
- ● 综合实例：使用 ChatGPT ＋ Excel 获取求和快捷键
- ● 综合实例：使用 ChatGPT ＋ Excel 编写函数公式
- ● 综合实例：使用 ChatGPT ＋ Excel 计算平均值

9.1 综合实例：使用 ChatGPT + Excel 制作工资查询表

本节将介绍如何使用 ChatGPT+Excel 制作员工工资查询表的方法。员工工资是企业必须付出的人力成本，也是企业吸引和留住优秀人才的有效途径，因此在制作员工工资查询表时不能出任何纰漏；必要时，用户可以在 Excel 的基础上，结合 ChatGPT 计算员工工资，以免计算出错。

扫码
看视频

9.1.1 练习实例：工资查询表的创建

创建员工工资查询表，首先需要新建一个空白工作簿，将相关的表头内容输入到表格中，包括工号、部门、姓名、职位、加班时长、基本工资、福利补贴、绩效奖金、全勤奖金、加班费、社保代扣以及实发工资等，然后再输入对应的员工工资明细数据，具体操作步骤如下。

步骤 01 新建一个空白工作簿，在底部工作表的名称上右击，在弹出的快捷菜单中选择"重命名"选项，如图 9.1 所示。

步骤 02 将工作表的名称改为"员工工资查询表"，如图 9.2 所示。

图9.1 选择"重命名"选项

图9.2 更改工作表的名称

步骤 03 在工作表中输入相关的表头内容，效果如图 9.3 所示。

图9.3 输入表头内容

步骤 04 在表头下方输入员工工资明细数据，并调整行高与列宽，效果如图 9.4 所示。

	A	B	C	D	E	F	G	H	I	J	K	L	M
1	查询												
2	工号	部门	姓名	职位	加班时长	基本工资	福利补贴	绩效奖金	全勤奖金	加班费	社保代扣	实发工资	
3	YG001	管理部	李红	文员	0	3000	1000	500	200		470		
4	YG002	管理部	朱涞	文员	1	3000	1000	500	200		470		
5	YG003	管理部	李明	助理	0	3000	1000	500	200		470		
6	YG004	销售部	何其	普工	3	3000	800	2600	0		470		
7	YG005	销售部	周海	普工	0	3000	800	1800	200		470		
8	YG006	销售部	吴英	普工	0	3000	800	1400	0		470		
9	YG007	销售部	刘振	普工	2	3000	800	2000	200		470		
10	YG008	业务部	安琪	普工	0	3000	800	1500	200		470		
11	YG009	业务部	卢欣	普工	3	3000	800	2300	0		470		
12	YG010	业务部	陈晨	普工	2	3000	800	2000	200		470		
13													

图 9.4　调整表格的行高与列宽后的效果

9.1.2　练习实例：表格格式的设置

扫码
看视频

工作表创建完成后，需要对表格格式进行设置，包括字体、表格边框和对齐方式等，具体操作步骤如下。

步骤 01 接 9.1.1 小节继续操作。在工作表的左上角单击，选中整个工作表；然后在"开始"选项卡的"字体"组中单击"加粗"按钮 **B**，如图 9.5 所示，将文本内容加粗。

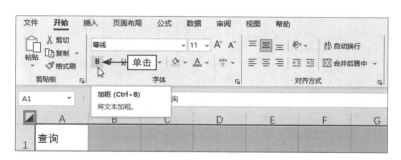

图 9.5　单击"加粗"按钮

步骤 02 在"对齐方式"组中单击"居中"按钮 ，如图 9.6 所示，居中对齐文本。

图 9.6　单击"居中"按钮

步骤 03 选择第 2 行表头内容，在"对齐方式"组中单击"顶端对齐"按钮，使表头沿单元格顶端对齐，如图 9.7 所示。

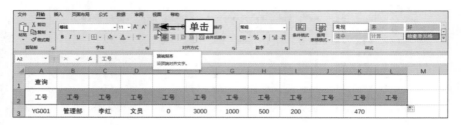

图 9.7 单击"顶端对齐"按钮

步骤 04 选中 A2:L12 单元格区域，在"字体"组中展开"边框"列表框，选择"所有框线"选项，如图 9.8 所示，为表格添加边框线。

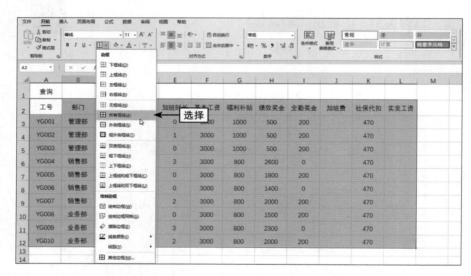

图 9.8 选择"所有框线"选项

9.1.3 练习实例：数据单位的添加

接下来，需要为加班时长和工资奖金等数据添加单位，同时不能影响到数据计算，具体操作步骤如下。

步骤 01 接 9.1.2 小节继续操作。选中 E3:E12 单元格区域，右击，在弹出的快捷菜单中选择"设置单元格格式"选项，如图 9.9 所示。

步骤 02 弹出"设置单元格格式"对话框，在"自定义"选项区的"类型"文本框中默认输入了"G/通用格式"文本，在文本后方输入单位"小时"，如图 9.10 所示。

步骤 03 单击"确定"按钮，即可为加班时长的数据添加单位，如图 9.11 所示。

图9.9 选择"设置单元格格式"选项

图9.10 输入单位

	A	B	C	D	E
1	查询				
2	工号	部门	姓名	职位	加班时长
3	YG001	管理部	李红	文员	0小时
4	YG002	管理部	朱洙	文员	1小时
5	YG003	管理部	李明	助理	0小时
6	YG004	销售部	何其	普工	3小时
7	YG005	销售部	周海	普工	0小时
8	YG006	销售部	吴英	普工	0小时
9	YG007	销售部	刘振	普工	2小时
10	YG008	业务部	安琪	普工	0小时
11	YG009	业务部	卢欣	普工	3小时
12	YG010	业务部	陈晨	普工	2小时

图9.11 为加班时长数据添加单位

步骤 04 使用与上述同样的方法，为F3:L12单元格中的基本工资数据添加单位"元"，效果如图9.12所示。

	A	B	C	D	E	F	G	H	I	J	K	L
1	查询											
2	工号	部门	姓名	职位	加班时长	基本工资	福利补贴	绩效奖金	全勤奖金	加班费	社保代扣	实发工资
3	YG001	管理部	李红	文员	0小时	3000元	1000元	500元	200元		470元	
4	YG002	管理部	朱洙	文员	1小时	3000元	1000元	500元	200元		470元	
5	YG003	管理部	李明	助理	0小时	3000元	1000元	500元	200元		470元	
6	YG004	销售部	何其	普工	3小时	3000元	800元	2600元	0元		470元	
7	YG005	销售部	周海	普工	0小时	3000元	800元	1800元	200元		470元	
8	YG006	销售部	吴英	普工	0小时	3000元	800元	1400元	0元		470元	
9	YG007	销售部	刘振	普工	2小时	3000元	800元	2000元	200元		470元	
10	YG008	业务部	安琪	普工	0小时	3000元	800元	1500元	200元		470元	
11	YG009	业务部	卢欣	普工	3小时	3000元	800元	2300元	0元		470元	
12	YG010	业务部	陈晨	普工	2小时	3000元	800元	2000元	200元		470元	

图9.12 为基本工资数据添加单位

9.1.4 练习实例：员工加班费的计算

在员工工资查询表中，假设加班 1 小时的费用是 50 元，此时用户可以向 ChatGPT 准确描述计算条件，获取计算公式，计算员工的加班费，具体操作步骤如下。

步骤 01 接 9.1.3 小节继续操作。打开 ChatGPT 的聊天窗口，在输入框中输入"在 Excel 工作表中，E3:E12 单元格为加班时长数据，需要编写一个计算公式，按 50 元 / 小时计算每个单元格的加班费"；然后按 Enter 键发送，即可获取 ChatGPT 编写的计算公式，如图 9.13 所示。

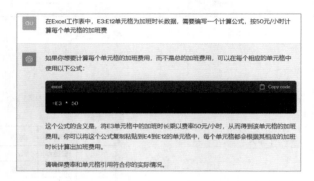

图 9.13　获取 ChatGPT 编写的计算公式

步骤 02 复制 ChatGPT 编写的计算公式，返回 Excel 工作表；选择 J3 单元格，在编辑栏中粘贴公式 =E3*50；然后按 Enter 键确认，即可计算出第一名员工的加班费，如图 9.14 所示。

图 9.14　计算出第一名员工的加班费

步骤 03 将鼠标光标放置在 J3 单元格的右下方，当鼠标光标变成十字光标时，按住鼠标左键向下拖动至 J12 单元格，即可计算出其他员工的加班费，如图 9.15 所示。

图 9.15　计算出其他员工的加班费

9.1.5　练习实例：员工实发工资的计算

在员工工资查询表中统计员工工资时，需要汇总基本工资、福利补贴、绩效奖金、全勤奖金以及加班费，并且还需要扣除公司代缴的社保费用。用户可以通过 ChatGPT 获取计算公式计算员工的实发工资，具体操作步骤如下。

步骤 01　接 9.1.4 小节继续操作。打开 ChatGPT 的聊天窗口，在输入框中输入"在 Excel 工作表中，F3:J12 单元格为基本工资、福利补贴、绩效奖金、全勤奖金以及加班费等数据，K3:K12 单元格为社保代扣数据，需要编写一个计算公式，将基本工资、福利补贴、绩效奖金、全勤奖金以及加班费进行汇总，并且减去社保代扣费用，计算出各个员工的实发工资"；然后按 Enter 键发送，即可获取 ChatGPT 编写的计算公式，如图 9.16 所示。

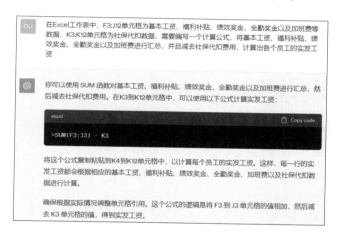

图 9.16　获取 ChatGPT 编写的计算公式

步骤 02　复制 ChatGPT 编写的计算公式，返回 Excel 工作表；选择 L3 单元格，在编辑栏中粘贴公式 =SUM(F3:J3)-K3；然后按 Enter 键确认，即可计算出第一名员工的实发工资，如图 9.17 所示。

工号	部门	姓名	职位	加班时长	基本工资	福利补贴	绩效奖金	全勤奖金	加班费	社保代扣	实发工资
查询											
YG001	管理部	李红	文员	0小时	3000元	1000元	500元	200元	0元	470元	4230元
YG002	管理部	朱洙	文员	1小时	3000元	1000元	500元	200元	50元	470元	
YG003	管理部	李明	助理	0小时	3000元	1000元	500元	200元	0元	470元	
YG004	销售部	何其	普工	3小时	3000元	800元	2600元	0元	150元	470元	
YG005	销售部	周海	普工	0小时	3000元	800元	1800元	200元	0元	470元	
YG006	销售部	吴英	普工	0小时	3000元	800元	1400元	0元	0元	470元	
YG007	销售部	刘振	普工	2小时	3000元	800元	2000元	200元	100元	470元	
YG008	业务部	安琪	普工	0小时	3000元	800元	1500元	200元	0元	470元	
YG009	业务部	卢欣	普工	3小时	3000元	800元	2300元	0元	150元	470元	
YG010	业务部	陈晨	普工	2小时	3000元	800元	2000元	200元	100元	470元	

图 9.17　计算出第一名员工的实发工资

步骤 03 将鼠标光标放置在 L3 单元格的右下方，当鼠标光标变成十字光标时，按住鼠标左键向下拖动至 L12 单元格，即可计算出其他员工的实发工资，如图 9.18 所示。

	A	B	C	D	E	F	G	H	I	J	K	L
1	查询											计算
2	工号	部门	姓名	职位	加班时长	基本工资	福利补贴	绩效奖金	全勤奖金	加班费	社保代扣	实发工资
3	YG001	管理部	李红	文员	0小时	3000元	1000元	500元	200元	0元	470元	4230元
4	YG002	管理部	朱洙	文员	1小时	3000元	1000元	500元	200元	50元	470元	4280元
5	YG003	管理部	李明	助理	0小时	3000元	1000元	500元	200元	0元	470元	4230元
6	YG004	销售部	何其	普工	3小时	3000元	800元	2600元	0元	150元	470元	6080元
7	YG005	销售部	周海	普工	0小时	3000元	800元	1800元	200元	0元	470元	5330元
8	YG006	销售部	吴英	普工	0小时	3000元	800元	1400元	0元	0元	470元	4730元
9	YG007	销售部	刘振	普工	2小时	3000元	800元	2000元	200元	100元	470元	5630元
10	YG008	业务部	安琪	普工	0小时	3000元	800元	1500元	200元	0元	470元	5030元
11	YG009	业务部	卢欣	普工	3小时	3000元	800元	2300元	0元	150元	470元	5780元
12	YG010	业务部	陈晨	普工	2小时	3000元	800元	2000元	0元	100元	470元	5630元

图 9.18 计算出其他员工的实发工资

9.1.6 练习实例：电子表格的整理和保存

扫码
看视频

员工的实发工资计算完成之后，用户可以对电子表格进行整理，并将其保存至对应位置，具体操作步骤如下。

步骤 01 接 9.1.5 小节继续操作。选择 A1:L1 单元格，单击"合并后居中"按钮，如图 9.19 所示。

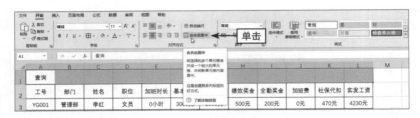

图 9.19 单击"合并后居中"按钮

步骤 02 执行操作后，所选单元格会自动合并，并且将其中的文字居中；调整其中的文字，对调整后的文字进行加粗，完成电子表格表头的制作，效果如图 9.20 所示。

	A	B	C	D	E	F	G	H	I	J	K
1	2023年11月员工工资查询表										
2	工号	部门	姓名	职位	加班时长	基本工资	福利补贴	绩效奖金	全勤奖金	加班费	社保代扣	实发工资
3	YG001	管理部	李红	文员	0小时	3000元	1000元	500元	200元	0元	470元	4230元
4	YG002	管理部	朱洙	文员	1小时	3000元	1000元	500元	200元	50元	470元	4280元
5	YG003	管理部	李明	助理	0小时	3000元	1000元	500元	200元	0元	470元	4230元
6	YG004	销售部	何其	普工	3小时	3000元	800元	2600元	0元	150元	470元	6080元

图 9.20 完成电子表格表头的制作

步骤 03 单击 Excel 左上角的"文件"按钮，如图 9.21 所示。

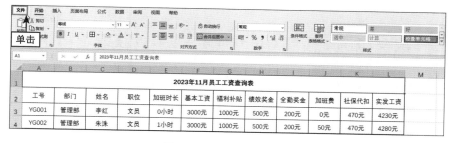

工号	部门	姓名	职位	加班时长	基本工资	福利补贴	绩效奖金	全勤奖金	加班费	社保代扣	实发工资
					2023年11月员工工资查询表						
YG001	管理部	李红	文员	0小时	3000元	1000元	500元	200元	0元	470元	4230元
YG002	管理部	朱洙	文员	1小时	3000元	1000元	500元	200元	50元	470元	4280元

图9.21　单击"文件"按钮

步骤 04 执行操作后，在新跳转的界面中选择"另存为"选项，如图9.22所示。

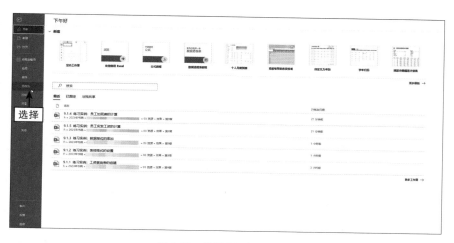

图9.22　选择"另存为"选项

步骤 05 执行操作后，进入"另存为"界面，选择电子表格的保存位置，然后设置电子表格的保存名称，单击"保存"按钮，如图9.23所示，即可将电子表格保存至计算机中的对应位置。

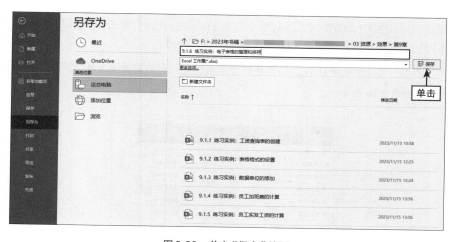

图9.23　单击"保存"按钮

9.2 综合实例：使用ChatGPT＋Excel获取求和快捷键

如果用户在进行求和统计时，忘记了求和快捷键是什么，可以向ChatGPT提问，让ChatGPT提供求和快捷键，然后再在Excel中进行应用，具体操作步骤如下。

步骤 01 打开ChatGPT的聊天窗口，在输入框中输入提示词"请告诉我，Excel的求和快捷键是什么？"，如图9.24所示。

图9.24 在输入框中输入提示词

步骤 02 按Enter键发送，ChatGPT即可根据提问进行回复，如图9.25所示。

图9.25 ChatGPT根据提问进行回复

9.3 综合实例：使用ChatGPT＋Excel编写函数公式

用户可以使用ChatGPT帮忙编写一个完整的函数公式，并将公式用在Excel中，具体操作步骤如下。

步骤 01 打开一个Excel工作表，其中B列为店铺评分，用户需要在C列中用爱心符号表示推荐力度，如图9.26所示。

	A	B	C	D	E
1	美食店铺	店铺评分	推荐力度	店铺编码	
2	蛙，牛蛙！	5		24523415	
3	王大嫂粉面店	4		18512325	
4	小吴自助烤肉	4		63534563	
5	老张火锅店	5		25645647	
6	冯记炸炸炸	3		25856746	
7	刘家小炒菜	4		41278971	
8					

图9.26 打开一个Excel工作表

步骤 02 打开 ChatGPT 的聊天窗口，在输入框中输入提示词，如"在 Excel 工作表中，B 列为店铺评分，请帮我编写一个函数公式，在 C 列中用爱心符号表示数字评分"，如图 9.27 所示。

图 9.27　在输入框中输入提示词

步骤 03 按 Enter 键发送，ChatGPT 即可根据要求编写一个完整的函数公式，并对编写的公式进行对应的讲解，如图 9.28 所示。

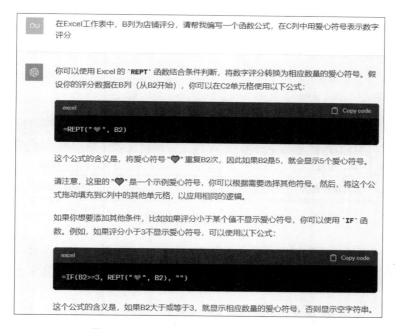

图 9.28　ChatGPT 根据要求编写的函数公式

步骤 04 单击回复内容中对应公式右侧的 Copy code 按钮，如图 9.29 所示，复制 ChatGPT 编写的函数公式。

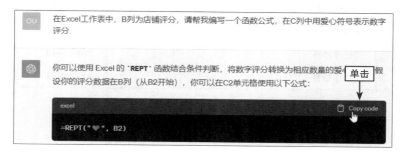

图 9.29　单击 Copy code 按钮

步骤 05 返回 Excel 工作表，在 C2 单元格中粘贴复制的公式，如图 9.30 所示。

SUM	▼	✕ ✓	*fx*	=REPT("♡", B2)	

	A	B	C	D
1	美食店铺	店铺评分	推荐力度	店铺编码
2	蛙，牛蛙！	5	=REPT("♡", B2)	←粘贴 415
3	王大嫂粉面店	4		18512325
4	小吴自助烤肉	4		63534563

图 9.30　粘贴复制的公式

步骤 06 按 Enter 键确认，即可用爱心符号表示出第一家店铺的推荐力度，如图 9.31 所示。

C2	▼	✕ ✓	*fx*	=REPT("♡", B2)	

	A	B	C	D
1	美食店铺	店铺评分	推荐力度	店铺编码
2	蛙，牛蛙！	5	♡♡♡♡	←表示 415
3	王大嫂粉面店	4		18512325

图 9.31　用爱心符号表示出第一家店铺的推荐力度

步骤 07 将鼠标光标放置在 C2 单元格的右下方，当鼠标光标变成十字光标时，按住鼠标左键向下拖动至 C7 单元格，即可用爱心符号表示出其他店铺的推荐力度，如图 9.32 所示。

	A	B	C	D
1	美食店铺	店铺评分	推荐力度	店铺编码
2	蛙，牛蛙！	5	♡♡♡♡	24523415
3	王大嫂粉面店	4	♡♡♡	18512325
4	小吴自助烤肉	4	♡♡♡	63534563 表示
5	老张火锅店	5	♡♡♡♡	25645647
6	冯记炸炸炸	3	♡♡♡	25856746
7	刘家小炒菜	4	♡♡♡	41278971

图 9.32　用爱心符号表示出其他店铺的推荐力度

步骤 08 从图 9.32 中可以看出，此时 C 列中的爱心显示不完全，对此，用户可以选中 C2:C7 单元格区域，并单击"对齐设置"按钮，如图 9.33 所示。

172

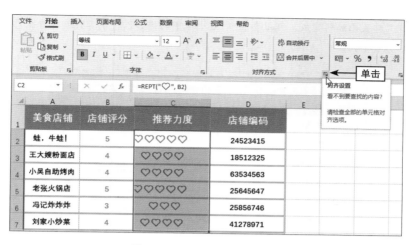

图9.33 单击"对齐设置"按钮

▶ 温馨提示

从 ChatGPT 中复制公式之后，粘贴到 Excel 中可能会发生变化，如实心的爱心符号变成了空心的爱心符号，不过只要能按要求用爱心符号表示店铺的推荐力度即可，这种小变化不用太过在意。

步骤 09 执行操作后，会弹出"设置单元格格式"对话框并自动切换至"对齐"选项卡，单击"水平对齐"右侧的 ⌄ 按钮，选择列表框中的"靠左（缩进）"选项，如图9.34所示。

步骤 10 设置缩进的数值，然后单击对话框下方的"确定"按钮，如图9.35所示。

图9.34 选择"靠左（缩进）"选项

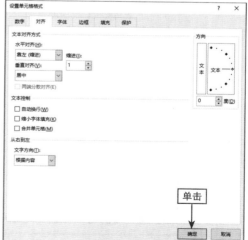

图9.35 单击"确定"按钮

步骤 11 执行操作后，C 列中的爱心符号会完全显示出来，效果如图9.36所示。如果用户确

173

定该 Excel 工作表已编辑完成，可以参照 9.1.6 小节中的操作，将该工作表保存至计算机中的对应位置，以备后用。

	A	B	C	D
1	美食店铺	店铺评分	推荐力度	店铺编码
2	蛙，牛蛙！	5	♡ ♡ ♡ ♡ ♡	24523415
3	王大嫂粉面店	4	♡ ♡ ♡ ♡	18512325
4	小吴自助烤肉	4	♡ ♡ ♡ ♡	63534563
5	老张火锅店	5	♡ ♡ ♡ ♡ ♡	25645647
6	冯记炸炸炸	3	♡ ♡ ♡	25856746
7	刘家小炒菜	4	♡ ♡ ♡ ♡	41278971

图 9.36　C 列中的爱心符号完全显示出来

扫码
看视频

9.4　综合实例：使用 ChatGPT + Excel 计算平均值

当需要在 Excel 的单元格中计算平均值时，用户可以通过 ChatGPT 获得计算公式，具体操作步骤如下。

步骤 01 打开一个需要计算商品销量平均值的 Excel 工作表，如图 9.37 所示。

	A	B	C	D	E
1	商品	1月份的销量	2月份的销量	3月份的销量	平均值
2	商品A	430	780	1100	
3	商品B	530	524	425	
4	商品C	550	682	330	
5	商品D	600	1050	340	

图 9.37　打开一个 Excel 工作表

步骤 02 打开 ChatGPT 的聊天窗口，在输入框中输入提示词，如 "在 Excel 工作表中，需要编写一个计算公式，在 E2 单元格中计算 B2:D2 单元格的平均值"，如图 9.38 所示。

在Excel工作表中，需要编写一个计算公式，在E2单元格中计算B2:D2单元格的平均值　◀── 输入

ChatGPT can make mistakes. Consider checking important information.

图 9.38　在输入框中输入提示词

步骤 03 按 Enter 键发送，ChatGPT 即可根据要求回复计算平均值的公式，如图 9.39 所示。

174

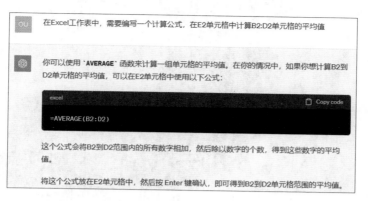

图9.39 ChatGPT根据要求回复计算平均值的公式

步骤 04 复制公式，返回 Excel 工作表；选择 E2 单元格，在编辑栏中粘贴复制的公式，即可计算出商品 A 的销量平均值。将鼠标光标放置在 E2 单元格的右下方，当鼠标光标变成十字光标时，按住鼠标左键向下拖动至 E5 单元格，即可计算出其他商品的销量平均值，如图 9.40 所示。

	A	B	C	D	E
1	商品	1月份的销量	2月份的销量	3月份的销量	平均值
2	商品A	430	780	1100	770
3	商品B	530	524	425	493
4	商品C	550	682	330	520.6666667
5	商品D	600	1050	340	663.3333333

图9.40 计算出商品的平均销量

本 章 小 结

本章主要从制作工资查询表、获取求和快捷键、编写函数公式和计算平均值这4个方面的综合实例展开。希望读者在学完本章的内容之后，能够熟练使用 ChatGPT 和 Excel 进行电子表格内容的编辑。

课 后 习 题

1. 根据实际情况，使用 ChatGPT 和 Excel 制作一个员工工资查询表。
2. 对附近 8 个美食店铺进行打分，并在电子表格中使用函数表示推荐力度。

ChatGPT＋PPT 演示文稿应用实战

第 10 章

PowerPoint（PPT）是 Office 办公系列中的一款幻灯片演示软件，它可以创建精美的演示文稿。将 ChatGPT 与 PowerPoint 结合使用，可以帮助用户智能生成演示文稿中的内容，减少烦琐的编写过程。

📢》本章重点

- 综合实例：使用 ChatGPT ＋ Word ＋ PowerPoint 生成演示文稿
- 综合实例：使用 ChatGPT ＋ PowerPoint 确定合适的主题
- 综合实例：使用 ChatGPT ＋ PowerPoint 获取制作建议
- 综合实例：使用 ChatGPT ＋ PowerPoint 制作目录大纲

10.1 综合实例：使用 ChatGPT + Word + PowerPoint 生成演示文稿

用户可以使用 ChatGPT、Word 和 PowerPoint 协同办公，利用各款软件的特点，快速生成演示文稿。本节将以《年终总结》PPT 的制作为例，讲解生成演示文稿的具体操作方法。

10.1.1 练习实例：PPT 内容大纲的生成

扫码
看视频

在通过 ChatGPT 获取 PPT 内容大纲时，用户可以提前在记事本中编辑好指令，将要求和 PPT 关键词写清楚，以便获取到的 PPT 内容大纲更加符合用户预期，具体操作步骤如下。

步骤 01 打开编写好的提示词记事本，选中所有内容，右击，在弹出的快捷菜单中选择"复制"选项，如图 10.1 所示。

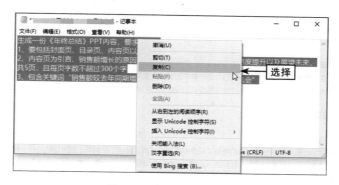

图 10.1 选择"复制"选项

步骤 02 打开 ChatGPT 聊天窗口，在输入框中输入复制的提示词，按 Enter 键发送，ChatGPT 即可生成一份《年终总结》PPT 内容大纲，如图 10.2 所示。

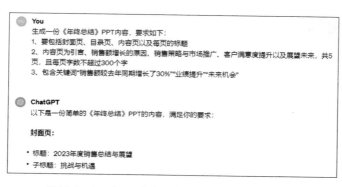

图 10.2 ChatGPT 生成的《年终总结》PPT 内容大纲

目录页：

1. 引言
2. 销售额增长的原因
3. 销售策略与市场推广
4. 客户满意度提升
5. 展望未来

内容页1 - 引言：

- 标题：回顾过去，展望未来
- 内容：辞旧迎新，2023年度，我们共同创造了辉煌。在这份年终总结中，让我们回顾过去一年的成就，同时展望未来的挑战和机遇。

内容页2 - 销售额增长的原因：

- 标题：业绩提升的关键
- 内容：我们骄傲地宣布，销售额较去年同期增长了30%。这一巨大的成功背后，离不开团队的共同努力、精密的市场分析以及独特的产品定位。

内容页3 - 销售策略与市场推广：

- 标题：创新策略引领市场
- 内容：为了实现这一令人瞩目的增长，我们采用了创新的销售策略和巧妙的市场推广手段。通过数字营销、社交媒体互动等手段，我们成功地拓展了市场份额。

内容页4 - 客户满意度提升：

- 标题：客户至上，服务始终
- 内容：销售成功的背后，是我们对客户需求的敏锐洞察和持续提升的服务质量。客户满意度提升是我们不懈追求的目标，通过持续的反馈和改进，我们成功提升了客户满意度。

内容页5 - 展望未来：

- 标题：未来机会无限
- 内容：在面对新的一年，我们看到了更多的机遇和挑战。通过不断创新、提升团队协作，我们相信未来会迎来更多的成功。在新的一年里，我们将继续努力，迎接更大的挑战，创造更多的辉煌。

以上内容只是一个简单的示例，你可以根据具体情况进行修改和扩展。

图 10.2 （续）

扫码
看视频

10.1.2　练习实例：PPT 文字内容的设置

接下来，用户需要使用 Word 软件来设置 ChatGPT 生成的 PPT 内容大纲，清除大纲格式并调整标题的层级格式，使用 Word 重新设置 PPT 的标题，使得年终总结更加清晰、有条理，具体操作步骤如下。

步骤 01 复制 ChatGPT 生成的 PPT 内容大纲，粘贴至新建的 Word 空白文档中，如图 10.3 所示。从图中可以看到粘贴后的内容格式是乱的。

步骤 02 全选 PPT 内容大纲，在"开始"选项卡的"字体"组中单击"清除所有格式"按钮 A，如图 10.4 所示。

封面页：
标题：2023 年度销售总结与展望
子标题：挑战与机遇
目录页：
1. 引言
2. 销售额增长的原因
3. 销售策略与市场推广
4. 客户满意度提升
5. 展望未来
粘贴

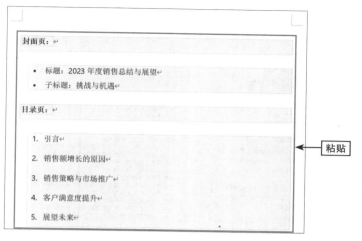

图10.3　粘贴至Word文档中的PPT内容大纲

文件
开始
OfficePLUS
插入
绘图
设计
布局
引用
邮件
审阅
剪切
复制
格式刷
粘贴
剪贴板
小四
字体
单击
导航
在文档中搜索
标题
页面
结果
清除所有格式
清除所选内容的所有格式，只留下普通、无格式的文本。
了解详细信息

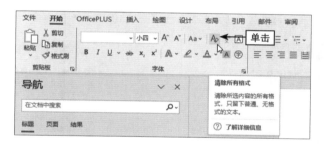

图10.4　单击“清除所有格式”按钮

▶ 温馨提示

清除大纲格式后，如果有需要添加的内容，可以直接在Word中进行编写，或者提前编写好，复制粘贴到合适的位置。

步骤 03 执行操作后，即可清除大纲格式，效果如图10.5所示。

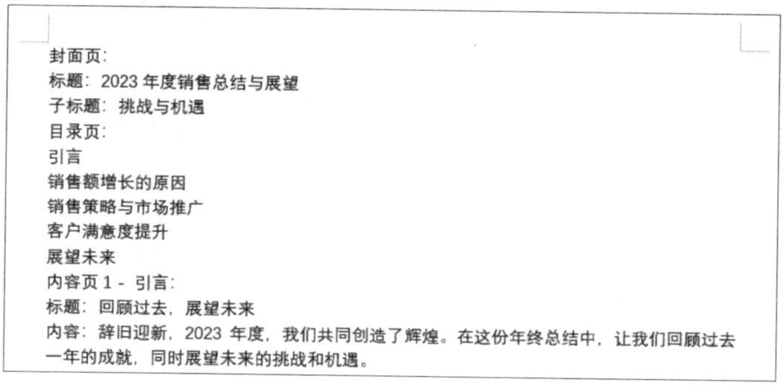

封面页：
标题：2023 年度销售总结与展望
子标题：挑战与机遇
目录页：
引言
销售额增长的原因
销售策略与市场推广
客户满意度提升
展望未来
内容页 1 - 引言：
标题：回顾过去，展望未来
内容：辞旧迎新，2023 年度，我们共同创造了辉煌。在这份年终总结中，让我们回顾过去一年的成就，同时展望未来的挑战和机遇。

图10.5　清除大纲格式后的效果

步骤 04 在"视图"选项卡的"视图"组中单击"大纲"按钮，如图 10.6 所示。

步骤 05 执行操作后，即可开启大纲视图模式，效果如图 10.7 所示。

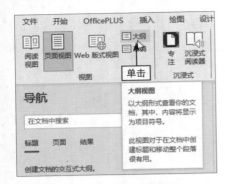

图 10.6 单击"大纲"按钮　　　　　　　　　图 10.7 开启大纲视图模式效果

步骤 06 补充必要的信息，如输入 PPT 的名称"《年终总结》"，如图 10.8 所示。

步骤 07 单击首行文本内容前面的灰色圆点 ◎ ，如图 10.9 所示，选择整行内容。

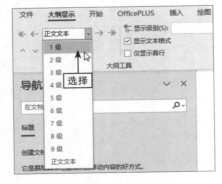

图 10.8 补充必要的信息

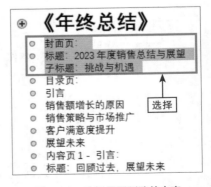

图 10.9 单击灰色圆点

步骤 08 打开"大纲显示"选项卡，单击"大纲工具"组中的"大纲级别"按钮，在弹出的列表中选择"1 级"选项，如图 10.10 所示，设置所选内容为 1 级格式。

步骤 09 选择需要删除的内容，如图 10.11 所示，按 Delete 键删除。

图 10.10 选择"1 级"选项　　　　　　　　　图 10.11 选择需要删除的内容

▶ **温馨提示**

Word中的1级格式内容对应PPT中的标题;2级、3级格式内容对应PPT中的正文内容,同时也会分层级显示内容。

步骤 10 修改"目录页"为"目录",并设置"目录"为1级格式,设置目录内容为2级格式,效果如图10.12所示。

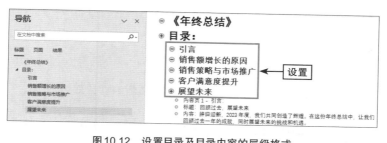

图10.12 设置目录及目录内容的层级格式

步骤 11 参考上述方法对大纲内容进行层级格式设置,并删除多余的内容,效果如图10.13所示。

图10.13 设置大纲内容层级格式并删除多余的内容

10.1.3 练习实例:演示文稿的生成和调整

扫码
看视频

用户可以直接将Word文档插入PowerPoint中,并根据自身需求对演示文稿进行调整,具体操作步骤如下。

步骤 01 打开PowerPoint,单击默认界面中的"空白演示文稿"按钮,如图10.14所示。

步骤 02 执行操作后,在新建的空白演示文稿中单击"开始"选项卡的"新建幻灯片"按钮,在弹出的列表中选择"幻灯片(从大纲)"选项,如图10.15所示。

步骤 03 执行操作后,在弹出的"插入大纲"对话框中选择对应的Word文档,如图10.16所示。

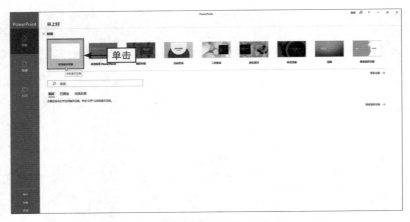

图 10.14　单击默认界面中的"空白演示文稿"按钮

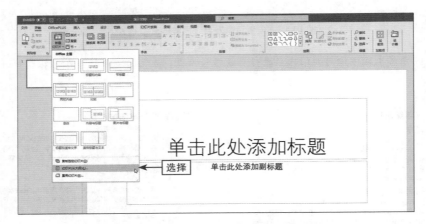

图 10.15　选择"幻灯片（从大纲）"选项

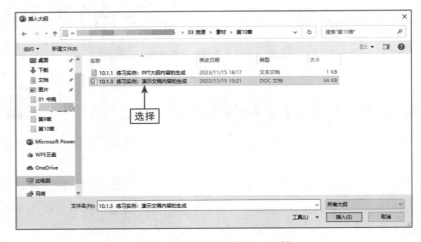

图 10.16　选择对应的 Word 文档

182

步骤 04 单击"插入"按钮，即可将 Word 文档中的内容生成幻灯片，效果如图 10.17 所示。状态栏中显示了演示文稿的幻灯片张数。

图 10.17　将 Word 文档中的内容生成幻灯片

步骤 05 选择第 1 张空白幻灯片，右击，在弹出的快捷菜单中选择"删除幻灯片"选项，如图 10.18 所示，即可删除空白幻灯片。

步骤 06 在封面页幻灯片的文本框中输入汇报人姓名，如图 10.19 所示。

图 10.18　选择"删除幻灯片"选项　　　　图 10.19　输入汇报人姓名

步骤 07 选择输入的内容，在"开始"选项卡中单击"段落"组中的"项目符号"按钮，在弹出的列表中选择"无"选项，如图 10.20 所示。

步骤 08 执行操作后，即可去除文本前的项目符号，效果如图 10.21 所示。

步骤 09 删除多余的内容，选中页面中的小标题，将小标题居中显示并调大字号，选择合适的字体，如选择"楷体"选项，如图 10.22 所示。

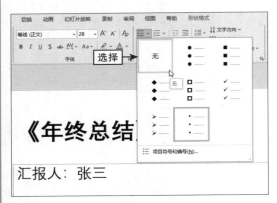

图 10.20　选择"无"选项

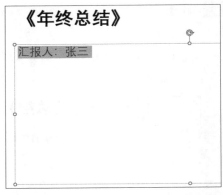

图 10.21　去除文本前的项目符号

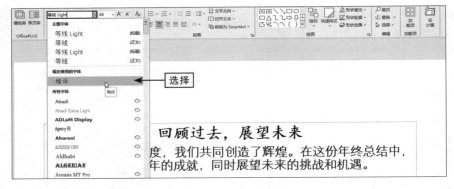

图 10.22　选择"楷体"选项

步骤 10　使用与上述同样的方法，调整其他幻灯片中的内容，效果如图 10.23 所示。

图 10.23　调整幻灯片的效果

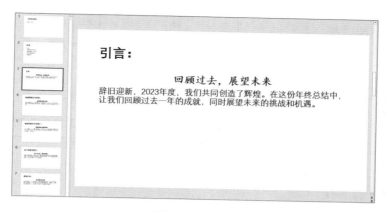

图10.23 （续）

10.1.4 练习实例：演示文稿内容的保存

扫码
看视频

完成调整工作之后，用户可以将演示文稿内容保存至指定的位置，具体操作步骤如下。

步骤 01 单击 PowerPoint 左上角的 "文件" 按钮，如图 10.24 所示。

图10.24 单击"文件"按钮

步骤 02 执行操作后，在新跳转的界面中选择 "另存为" 选项，如图 10.25 所示。

图10.25 选择"另存为"选项

步骤 03 执行操作后，进入"另存为"界面，选择演示文稿的保存位置，然后设置演示文稿的保存名称，单击"保存"按钮，如图 10.26 所示，即可将演示文稿保存至计算机中的对应的位置。

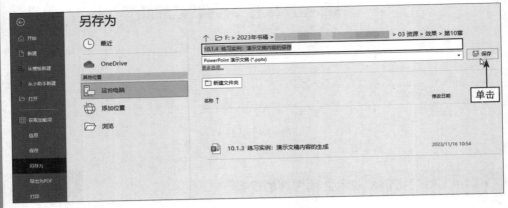

图 10.26　单击"保存"按钮

扫码
看视频

10.2　综合实例：使用 ChatGPT + PowerPoint 确定合适的主题

在创建 PPT 演示文稿之前，确定一个合适的主题非常重要，确定好主题可以增强演示文稿的一致性和专业性。用户可以向 ChatGPT 提供 PPT 的主讲内容，让 ChatGPT 根据提供的内容生成一个或多个 PPT 主题，然后从生成的主题中进行挑选即可。下面介绍使用 ChatGPT 生成演示文稿主题的操作方法。

步骤 01 打开 ChatGPT 的聊天窗口，在输入框中输入生成主题的相关提示词，如"请根据摄影、手机摄影、构图和景别这几个关键词，生成 5 个 PPT 的主题"，如图 10.27 所示。

图 10.27　在输入框中输入生成主题的相关提示词

步骤 02 按 Enter 键发送，ChatGPT 即可根据要求生成 5 个 PPT 主题，如图 10.28 所示。用户只需要在其中进行挑选即可。如果对生成的主题不满意，可以单击 ↻ 按钮重新生成，或者参考 ChatGPT 生成的主题，自己编撰一个。

> **You**
> 请根据摄影、手机摄影、构图和景别这几个关键词，生成5个PPT的主题
>
> **ChatGPT**
> 当以关键词 "摄影"、"手机摄影"、"构图" 和 "景别" 为基础创建 PPT 主题时，你可以考虑以下五个主题：
>
> ### PPT 1: 摄影艺术概述
> - 标题：**摄影的魅力**
> - 子标题：*从传统到现代*
> - 内容：探讨摄影的历史、发展，以及摄影艺术在不同时代的演变。
>
> ### PPT 2: 手机摄影技巧
> - 标题：**掌中之美：手机摄影技巧**
> - 子标题：*拍出专业感*
> - 内容：分享手机摄影的基本技巧，包括光影利用、构图原则和后期处理，让你的手机摄影更具专业感。
>
> ### PPT 3: 构图的奥秘
> - 标题：**构图艺术：摄影中的黄金比例**
> - 子标题：*引导视线，打破平庸*
> - 内容：深入解析构图原则，特别是黄金比例，展示如何通过巧妙的构图使照片更引人注目。
>
> ### PPT 4: 捕捉不同的景别
> - 标题：**大自然的画卷：捕捉多样的景别**
> - 子标题：*山川湖海，尽在一瞬*
> - 内容：分享摄影师如何捕捉和展现大自然中的不同景别，以及如何通过构图突显景色的美。
>
> ### PPT 5: 摄影与艺术的融合
> - 标题：**摄影的艺术表达**
> - 子标题：*透过镜头，诉说故事*
> - 内容：探讨摄影与艺术的融合，如何通过摄影表达情感、讲述故事，并给观众留下深刻的印象。
>
> 这些主题可根据需要进行调整，以确保符合你的具体需求。每个主题都涵盖了摄影的不同方面，从摄影的基本概念到手机摄影技巧，再到构图和不同景别的捕捉。

图 10.28　ChatGPT生成的 5 个 PPT 主题

扫码
看视频

10.3　综合实例：使用ChatGPT + PowerPoint获取制作建议

封面页是演示文稿的第一页，通常包括演示标题、主讲者姓名等信息，它是演示文稿的引导页，应该具有吸引力和清晰的设计。当用户对制作封面页缺乏制作灵感时，可以让ChatGPT给出制作建议，然后参考这些建议进行制作，具体操作步骤如下。

步骤 01 打开 ChatGPT 的聊天窗口，在输入框中输入相关的提示词，如 "我需要制作主题

为'手机摄影技巧'的 PPT 封面页，你有什么好的建议？"；然后按 Enter 键发送，ChatGPT 即可根据提示词给出制作封面页的建议，如图 10.29 所示。

图10.29　ChatGPT 根据要求给出的制作封面页的建议

步骤 02 参考 ChatGPT 给出的建议，准备一张封面图，如图 10.30 所示。

图10.30　准备一张封面图

步骤 03 启动 PowerPoint，新建一个空白演示文稿，在"插入"选项卡的"图像"组中单击"图片"按钮，在弹出的列表中选择"此设备"选项，如图 10.31 所示。

步骤 04 弹出"插入图片"对话框，选择准备好的封面图，如图 10.32 所示。

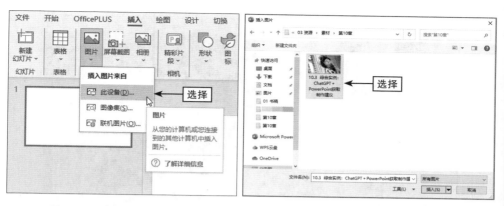

图10.31 选择"此设备"选项　　　　　图10.32 选择准备好的封面图

步骤 05 单击"插入"按钮,即可将封面图插入幻灯片中;调整图片,使其铺满整个幻灯片页面,效果如图 10.33 所示,即可将该图片作为封面图使用。

图10.33 使图片铺满整个幻灯片页面

步骤 06 此时会自动弹出"图片格式"选项卡,在"排列"组中单击"下移一层"按钮,在弹出的列表中选择"置于底层"选项,如图 10.34 所示。

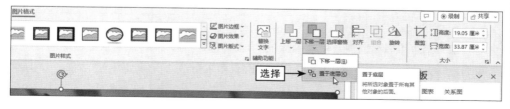

图10.34 选择"置于底层"选项

步骤 07 执行操作后,即可将文字输入框显示出来,如图 10.35 所示。

图10.35　将文字输入框显示出来

步骤 08 根据自身情况，在文字输入框中输入演示文稿的主题、主讲人姓名等信息，即可完成封面页内容的制作，如图 10.36 所示。

图10.36　完成封面页内容的制作

扫码
看视频

10.4　综合实例：使用 ChatGPT ＋ PowerPoint 制作目录大纲

　　目录大纲页可以帮助观众快速了解PPT的结构和内容，能够让观众更方便地查找感兴趣的内容。可以使用ChatGPT来制作PPT的目录大纲，还可以指定章节数量，具体操作步骤如下。

步骤 01 打开 ChatGPT 的聊天窗口，在输入框中输入相关的提示词，如"提供主题为《手机摄影技巧》的 PPT 目录大纲，内容 5 节左右即可"；然后按 Enter 键发送，ChatGPT 即可根据要求生成目录大纲，如图 10.37 所示。

You

提供主题为《手机摄影技巧》的PPT目录大纲，内容5节左右即可

ChatGPT

当制作《手机摄影技巧》的PPT目录大纲时，以下是一个简要的大纲，包含五个主要部分：

1. 引言

- 背景介绍：手机摄影的崛起和流行趋势。
- 本节目标：明确分享手机摄影技巧的目的和意义。

2. 基础知识

- 手机摄影基础：相机介绍、光圈、快门速度等基本概念。
- 手机摄影常见误区：解决常见误区，提高摄影技巧。

3. 构图技巧

- 黄金比例原则：详细解释如何运用黄金比例构图。
- 对称与不对称构图：讲解如何使用对称和不对称构图创造有趣的照片。

4. 光影利用

- 自然光的利用：解释在不同光照条件下拍摄的技巧。
- 人工光源的运用：介绍使用手机闪光灯和其他光源的技巧。

5. 后期处理技巧

- 手机APP推荐：介绍一些流行的手机后期处理应用。
- 色彩和对比度调整：讲解如何通过后期处理增强照片的色彩和对比度。

6. 实例与练习

- 成功案例分享：展示一些优秀的手机摄影案例。
- 实际练习：鼓励观众进行实际的练习，应用所学的技巧。

通过这个目录大纲，可以全面而有序地展示手机摄影技巧的重要方面，从基础知识到实际操作。在每个部分，都可以配以实例和图例，以更好地说明和演示相应的技巧。

图10.37 ChatGPT生成的目录大纲

步骤 02 打开10.3节制作的PPT演示文稿，新建一张幻灯片，插入一张与封面同类型的图片作为背景，创建目录大纲页幻灯片，效果如图10.38所示。

图10.38 创建目录大纲页幻灯片

步骤 03 在"插入"选项卡的"插图"组中单击"形状"按钮,在弹出的列表中单击"文本框"按钮 Ａ,如图 10.39 所示。

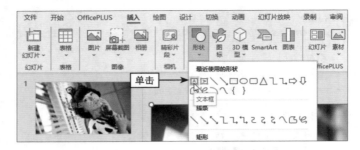

图10.39　单击"文本框"按钮

步骤 04 在幻灯片的合适位置输入目录大纲页的标题,即"目录",如图 10.40 所示。

图10.40　输入目录大纲页的标题

步骤 05 调整目录大纲页标题的字体、颜色和字号等信息,效果如图 10.41 所示。

图10.41　调整目录大纲页标题的字体、颜色和字号等信息

步骤 06 在标题下方插入一个新的文本框,根据 ChatGPT 的回复在该文本框中输入目录大纲的其他内容,如图 10.42 所示。

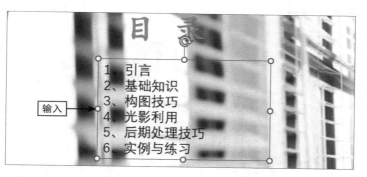

图10.42 输入目录大纲的其他内容

步骤 07 设置新输入内容的字体、颜色和字号等信息，并调整两个文本框的位置，完成目录大纲页的制作，效果如图 10.43 所示。

图10.43 完成目录大纲页的制作

本 章 小 结

本章主要从演示文稿的生成、演示文稿主题的确定、演示文稿封面页的制作和演示文稿目录大纲的制作这 4 个方面的综合实例展开。希望读者在学完本章的内容之后，能够使用 ChatGPT 和 PowerPoint 快速制作出所需的演示文稿。

课 后 习 题

1. 根据实际情况，使用 ChatGPT 和 PowerPoint 生成一个完整的演示文稿。
2. 以抖音营销为主题，使用 ChatGPT 和 PowerPoint 制作一个演示文稿封面页。

ChatGPT＋剪映 AI 短视频应用实战

第 11 章

　　借助 ChatGPT，用户可以生成短视频的文案；而借助剪映，则可以用文字生成 AI 短视频。也就是说，用户只需使用 ChatGPT 和剪映便可以快速生成相关的短视频。本章将介绍使用 ChatGPT 和剪映生成 AI 短视频的实操案例，帮助大家更好地制作需要的短视频。

◀》 本章重点

- ● 综合实例：使用 ChatGPT ＋剪映生成商品营销视频
- ● 综合实例：使用 ChatGPT ＋剪映生成探店打卡视频
- ● 综合实例：使用 ChatGPT ＋剪映生成公益环保视频

11.1 综合实例：使用ChatGPT＋剪映生成商品营销视频

商品营销视频是一种通过视频形式来推广和推荐特定商品或服务的内容，旨在激发观众的购买欲望。这些视频通常由内容创作者、博主、网红或品牌自身制作，并发布在各种在线视频平台以及社交媒体上。本节将讲解使用ChatGPT和剪映生成商品营销视频的具体操作方法。

11.1.1 练习实例：视频文案的生成

在借助ChatGPT和剪映生成商品营销视频时，用户可以先使用ChatGPT生成对应的营销视频文案，具体操作步骤如下。

步骤 01 在 ChatGPT 的输入框中输入商品营销视频文案的相关关键词，如"请为某款香蕉生成 150 字左右的营销视频文案"，如图 11.1 所示。

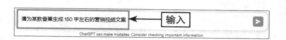

图11.1 输入商品营销视频文案的相关关键词

步骤 02 按 Enter 键发送，ChatGPT 即可根据要求生成商品营销视频的文案，具体如图 11.2 所示。

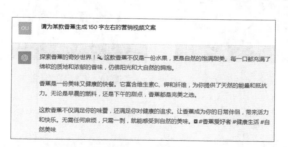

图11.2 ChatGPT生成商品营销视频的文案

11.1.2 练习实例：视频内容的生成

生成营销视频文案之后，用户只需借助剪映的"文字成片"功能，便可快速生成视频内容，具体操作步骤如下。

步骤 01 启动剪映电脑版，在"首页"单击"文字成片"按钮，如图 11.3 所示。

步骤 02 执行操作后，选择"自由编辑文案"选项，在弹出的"自由编辑文案"文本框中输入视频文案并略作处理，如图 11.4 所示。

步骤 03 单击"生成视频"按钮，在"请选择成片方式"列表框中选择"智能匹配素材"选项，如图 11.5 所示。让 AI 根据文字智能匹配视频内容，形成视频雏形。

图 11.3　单击"文字成片"按钮

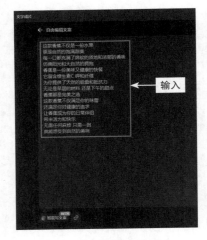

图 11.4　输入视频文案

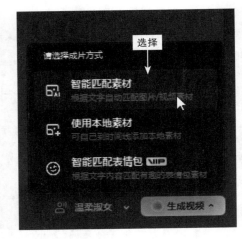

图 11.5　选择"智能匹配素材"选项

步骤 04　稍等片刻，剪映会自动调取素材生成视频的雏形，如图 11.6 所示。

图 11.6　生成视频的雏形

11.1.3　练习实例：视频的加工处理

剪映自动生成的视频，可能会有一些不太令人满意的地方，对此，用户可以自行进行加工处理。例如，可以将不满意的图片替换掉，并添加一个合适的滤镜，具体操作步骤如下。

步骤 01 将鼠标定位在第一个素材上右击，在弹出的快捷菜单中选择"替换片段"选项，如图 11.7 所示，将图文不太相符的素材替换掉。

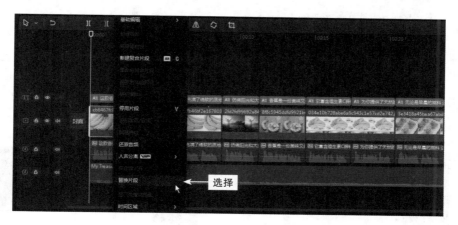

图 11.7　选择"替换片段"选项

步骤 02 执行操作后，在弹出的"请选择媒体资源"对话框中选择相应的图片素材，单击"打开"按钮，如图 11.8 所示。

步骤 03 进入"替换"对话框，单击"替换片段"按钮，如图 11.9 所示。

图 11.8　选择相应的图片素材

图 11.9　单击"替换片段"按钮

步骤 04 执行操作后，即可将该图片素材替换到视频片段中，同时导入本地媒体资源库，如图 11.10 所示。运用这个方法，可以将其他不合适的素材替换掉。

ChatGPT 从入门到实践——AI写作+AI绘画+AI短视频（全彩视频版）

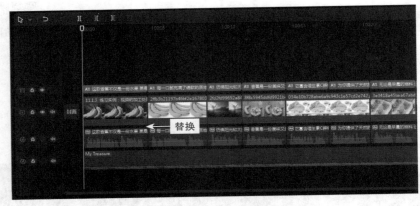

图11.10　将图片素材替换到视频片段中

步骤 05 单击"滤镜"按钮，切换至"美食"选项卡，如图 11.11 所示。

步骤 06 选择合适的滤镜，单击右下角的"添加到轨道"按钮 ，如图 11.12 所示。

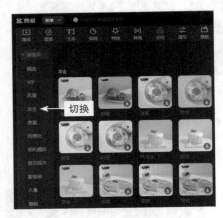

图11.11　切换至"美食"选项卡

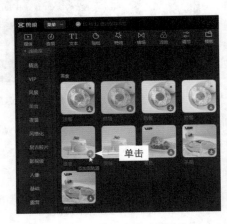

图11.12　单击"添加到轨道"按钮

步骤 07 执行操作后，会显示对应滤镜的使用范围，如图 11.13 所示。

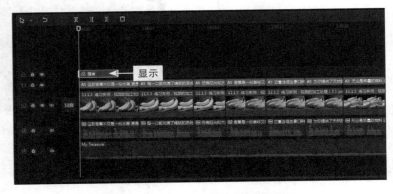

图11.13　显示对应滤镜的使用范围

步骤 08 调整滤镜的使用范围，如将其应用到整个视频中，如图 11.14 所示。

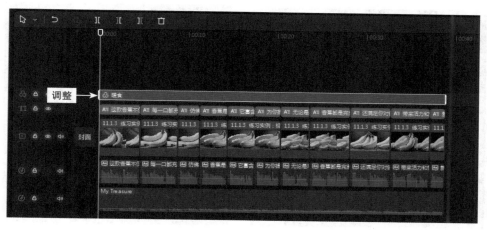

图 11.14 将滤镜应用到整个视频中

步骤 09 在"播放器"窗口中单击"播放"按钮▶，预览视频效果，如图 11.15 所示。

图 11.15 预览视频效果

11.1.4 练习实例：视频的快速导出

使用剪映对商品营销视频进行剪辑加工之后，如果对视频的效果比较满意，可以快速导出，具体操作步骤如下。

步骤 01 单击剪映视频处理界面右上方的"导出"按钮，如图 11.16 所示。

步骤 02 在弹出的"导出"对话框中设置视频的导出信息，单击"导出"按钮，如图 11.17 所示。

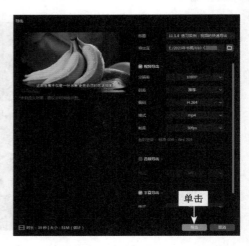

图 11.16　单击"导出"按钮（1）　　　　　图 11.17　单击"导出"按钮（2）

步骤 03 执行操作后，会弹出新的"导出"对话框，在该对话框中会显示视频导出的进度，如图 11.18 所示。

图 11.18　显示视频导出的进度

步骤 04 如果"导出"对话框中显示"发布视频，让更多人看到你的作品吧！"，就说明商品营销视频导出成功了，如图 11.19 所示。

图11.19 商品营销视频导出成功

扫码
看视频

11.2 综合实例：使用 ChatGPT＋剪映生成探店打卡视频

　　探店打卡视频是一种在社交媒体和视频分享平台上广泛流行的视频内容形式。探店打卡视频的目的是分享美食的口味、店铺环境和用餐体验，以鼓励观众前去品尝，并在该店铺进行打卡。下面将介绍使用 ChatGPT 和剪映生成探店打卡视频的具体操作方法。

步骤 **01** 在 ChatGPT 的输入框中输入探店打卡视频文案的相关关键词，如"请为某个探店打卡视频生成一段文案，要求重点介绍几种湘菜"，如图 11.20 所示。

图11.20 输入探店打卡视频文案的相关关键词

步骤 **02** 按 Enter 键发送，ChatGPT 即可根据要求生成探店打卡视频的文案，如图 11.21 所示。

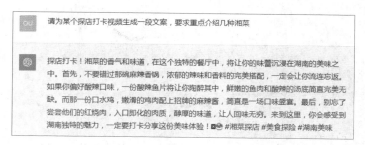

图11.21 ChatGPT 生成探店打卡视频的文案

步骤 **03** 启动剪映电脑版，在"首页"单击"文字成片"按钮，在弹出的"文字成片"对话框中，选择"自由编辑文案"选项，输入视频文案并略作处理；单击"生成视频"按钮，在"请选择成片方式"列表中选择"智能匹配素材"选项，如图 11.22 所示，让 AI 根据文字智能匹配视频内容，形成视频雏形。

201

图 11.22　选择"智能匹配素材"选项

步骤 04　稍等片刻，剪映会自动调取素材生成视频的雏形，如图 11.23 所示。

图 11.23　生成视频的雏形

步骤 05　将鼠标定位在第一个素材上右击，在弹出的快捷菜单中选择"替换片段"选项，如图 11.24 所示，将图文不太相符的素材替换掉。

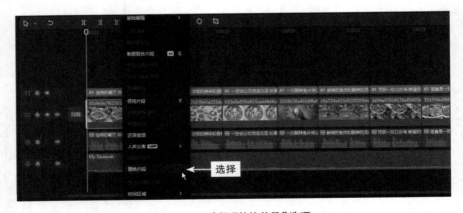

图 11.24　选择"替换片段"选项

步骤 06　执行操作后，在弹出的"请选择媒体资源"对话框中选择相应的图片素材，单击"打开"按钮，如图 11.25 所示。

步骤 07 进入"替换"对话框，单击"替换片段"按钮，如图 11.26 所示。

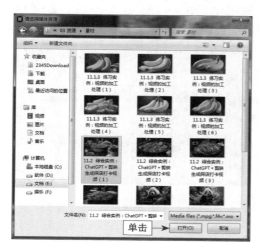

图 11.25 选择相应的图片素材

图 11.26 单击"替换片段"按钮

步骤 08 执行操作后，即可将该图片素材替换到视频片段中，同时导入本地媒体资源库，如图 11.27 所示。运用这个方法，可以将其他不合适的素材替换掉。

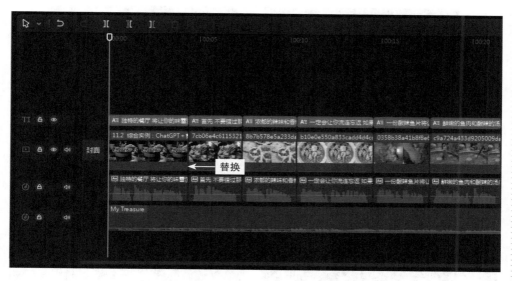

图 11.27 将图片素材替换到视频片段中

步骤 09 单击"特效"按钮，切换至"边框"选项卡，如图 11.28 所示。

步骤 10 选择合适的特效，单击右下角的"添加到轨道"按钮 ，如图 11.29 所示。

步骤 11 执行操作后，会显示对应特效的使用范围，调整特效的使用范围，如将其应用到整个视频中，如图 11.30 所示。

步骤 12 在"播放器"窗口中单击"播放"按钮 ，预览视频效果，如图 11.31 所示。

图 11.28　切换至"边框"选项卡

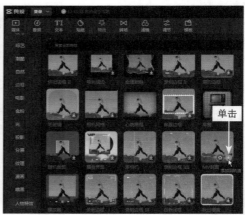

图 11.29　单击"添加到轨道"按钮

▶ 温馨提示

　　使用剪映对探店打卡视频进行剪辑加工之后，只需按照 11.1.4 小节中的方法进行导出即可，以备后用。

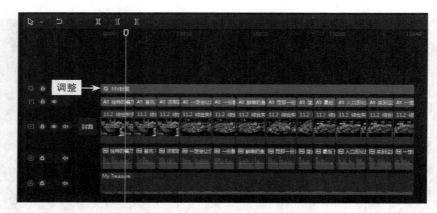

图 11.30　将特效应用到整个视频中

图 11.31　预览视频效果

图11.31 （续）

扫码
看视频

11.3　综合实例：使用ChatGPT＋剪映生成公益环保视频

　　公益环保视频是一种旨在提高公众对环保问题的意识，激发环保行动并传达环保信息的视频内容。这些视频通常关注多个环保议题，如气候变化、野生动植物保护和可持续生活方式等。下面将介绍使用ChatGPT和剪映生成公益环保视频的具体操作方法。

步骤 01　在 ChatGPT 的输入框中输入公益环保视频文案的相关关键词，如"请为保护大熊猫的视频生成一个 150 字左右的文案"，如图 11.32 所示。

图11.32　输入公益环保视频文案的相关关键词

步骤 02　按 Enter 键发送，ChatGPT 即可根据要求生成公益环保视频的文案，如图 11.33 所示。

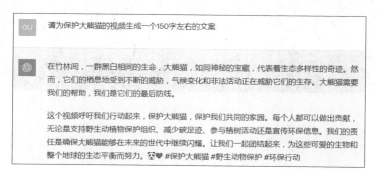

图11.33　ChatGPT生成公益环保视频的文案

步骤 03　启动剪映电脑版，在"首页"单击"文字成片"按钮，在弹出的"文字成片"对话框中，选择"自由编辑文案"选项，输入视频文案并略作处理；单击"生成视频"按钮，在"请选择成片方式"列表中选择"智能匹配素材"选项，如图 11.34 所示，让 AI 根据文字智能匹配视频内容，形成视频雏形。

图 11.34　选择"智能匹配素材"选项

步骤 04　稍等片刻，剪映会自动调取素材生成视频的雏形，如图 11.35 所示。

图 11.35　生成视频的雏形

步骤 05　将鼠标定位在第一个素材上右击，在弹出的快捷菜单中选择"替换片段"选项，如图 11.36 所示，将图文不太相符的素材替换掉。

步骤 06　执行操作后，在弹出的"请选择媒体资源"对话框中选择相应的图片素材，单击"打开"按钮，如图 11.37 所示。

步骤 07　进入"替换"对话框，单击"替换片段"按钮，如图 11.38 所示。

步骤 08　执行操作后，即可将该图片素材替换到视频片段中，同时导入本地媒体资源库，如图 11.39 所示。运用这个方法，可以将其他不合适的素材替换掉。

图11.36 选择"替换片段"选项

图11.37 选择相应的图片素材

图11.38 单击"替换片段"按钮

图11.39 将图片素材替换到视频片段中

步骤 09 单击"滤镜"按钮，切换至"风景"选项卡，如图 11.40 所示。

步骤 10 选择合适的滤镜，单击右下角的"添加到轨道"按钮➕，如图11.41所示。

图11.40　切换至"风景"选项卡

图11.41　单击"添加到轨道"按钮

步骤 11 执行操作后，会显示对应滤镜的使用范围，调整滤镜的使用范围，如将其应用到整个视频中，如图11.42所示。

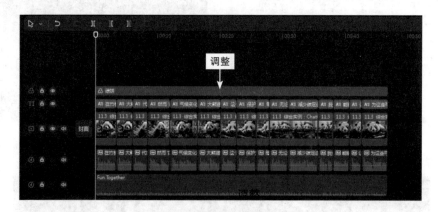

图11.42　调整滤镜的使用范围

步骤 12 在"播放器"窗口中单击"播放"按钮▶，预览视频效果，如图11.43所示。

图11.43　预览视频效果

保护大熊猫 保护我们共同的家园

为这些可爱的生物和整个地球的生态平衡而努力

图11.43 （续）

本 章 小 结

　　本章主要从商品营销视频、探店打卡视频和公益环保视频这3个方面的综合实例展开。希望读者在学完本章的内容之后，能够真正学会使用ChatGPT和剪映快速生成所需的AI短视频。

课 后 习 题

1. 使用ChatGPT和剪映生成某款洗面奶的营销视频。
2. 使用ChatGPT和剪映生成保护白鳍豚的公益视频。